中国科学技术馆

改变世界的
中国科技力量

探月探火

中国科学技术馆 / 编著

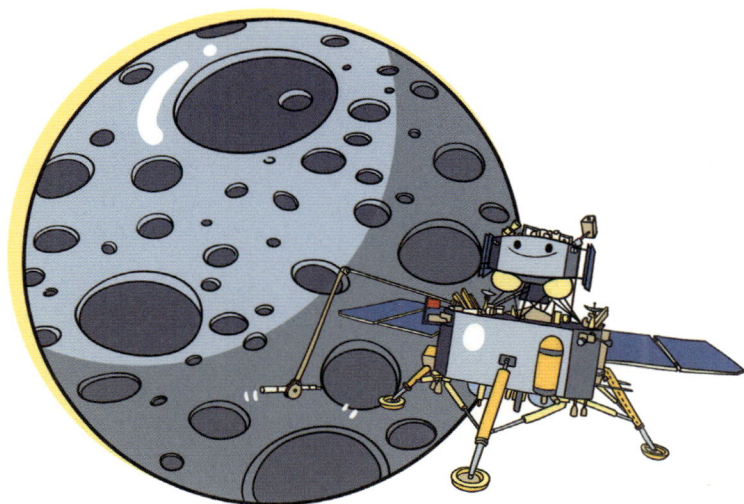

化学工业出版社

· 北 京 ·

图书在版编目（CIP）数据

探月探火 / 中国科学技术馆编著 . -- 北京：化学
工业出版社，2025.9. --（改变世界的中国科技力量）.
ISBN 978-7-122-48479-6

Ⅰ. V1-49；P185.3-49

中国国家版本馆 CIP 数据核字第 2025T6A333 号

责任编辑：龙　婧　徐华颖　　　文字编辑：蔡晓雅　　　插画：刘　伟
责任校对：李露洁　　　　　　　　装帧设计：史利平

出版发行：化学工业出版社（北京市东城区青年湖南街 13 号　邮政编码 100011）
印　　装：中煤（北京）印务有限公司
710mm×1000mm　1/16　印张 8½　字数 100 千字　2025 年 10 月北京第 1 版第 1 次印刷

购书咨询：010-64518888　　　　　　　　售后服务：010-64518899
网　　址：http://www.cip.com.cn
凡购买本书，如有缺损质量问题，本社销售中心负责调换。

定　　价：58.00 元

序·言

　　科技是国家强盛之基，创新是民族进步之魂。从新中国成立初期的科技奠基，到如今在全球科技舞台上崭露头角并成为具有重要影响力的科技大国，中国科技事业的每一步跨越，都凝聚着几代科研工作者的心血与智慧。为了让青少年真正读懂中国科技的发展脉络，感受创新背后的力量，激发他们对科学的热爱与探索热情，中国科学技术馆精心策划并编写了这套"改变世界的中国科技力量"科普丛书。

　　这套书是一扇"动态生长"的科技窗口——它不设固定的内容边界，将始终紧跟中国科技的创新步伐，把每一个新领域的突破、每一项新技术的成熟，及时纳入其中。无论是已聚焦的卫星导航、载人航天等领域的标志性成果，还是未来将解锁的更多前沿方向，我们都希望通过"讲清科技原理"与"展现实践价值"的结合，让青少年走近科技：从北斗导航如何为全球提供精准定位服务，到蛟龙号深潜深海时克服的技术难题；从生物医药攻关如何守护大众健康，到新能源技术怎样推动绿色发展转型……这些内容不仅源于中国科技的真实实践，更试图连接青少年的学习与生活，让他们明白科技不是遥远的"专业术语"，而是能切实改变世界、改善生活的创造力。

　　为了让这份"科技对话"更有温度、更具深度，我们联合了各领域的权威专家与资深科普工作者：专家团队以严谨的学科素养把控内容的科学性，确保每一个知识点都经得起推敲；科普工作者则用启发式的语言、生动写实的插图，打破"纸上谈兵"的局限，让晦涩的前沿知识变得可感可知。

　　同时，我们还为这套书的难点内容配套了讲解视频，以二维码链接的形式呈现在书中，读者扫码即可"走进"科技馆，直观感受科技的神奇，进一步加深对知识的理解与记忆。我们始终相信，科普不该是静态的知识传递，而应是互动式的探索引导，策划这套书的初心，便是为青少年搭建这样一个"可触摸、可思考"的科技平台。

我们期待，这套书能成为青少年了解中国科技创新的桥梁：当他们读到科研工作者攻坚克难的故事时，能感受到自立自强的精神力量；当他们理解某项技术如何从设想变为现实时，能激发探索未知的好奇心。或许今天，他们是在书中解锁科技知识的读者；未来，他们会成为投身科技实践、为中国科技添砖加瓦的创造者。

最后，衷心感谢每一位参与丛书编写的专家与科普工作者——是你们的专业与用心，让这份"科技邀约"得以落地；也感谢化学工业出版社的鼎力支持，让这套书能顺利与读者见面。

现在，不妨翻开书页，一起走进中国科技的世界，见证那些改变世界的中国科技力量，也期待大家与我们一同迎接更多未来的科技惊喜。

中国科学技术馆

CHINA SCIENCE AND TECHNOLOGY MUSEUM

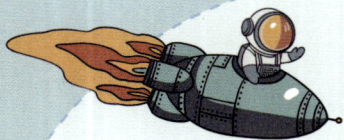

前·言

"遂古之初，谁传道之？上下未形，何由考之？"在 2300 多年前，屈原写下了《天问》这首长诗。这是先贤对自然，甚至对整个宇宙发出的追问。千百年来，地球上的人类从未停下探索的脚步，我们渴望认识世界、了解未知。科学技术的飞速发展，为人类插上了飞翔的翅膀。从明代的万户飞天，到今天航天员王亚平在太空为数千万名中小学生授课，好奇心让我们不断前行，一步步拓宽认知的边界。

荀子曾说过："不登高山，不知天之高也；不临深溪，不知地之厚也。"人类只有离开地球，才能拥有更广阔的视野。在求索的过程中，我们将有机会更加客观地审视地球、月球，乃至整个太阳系，构建出立体的三维空间图谱；而且还有机会从历史遗迹中找到时光密码，追溯地球和太阳系的演化历史。这仿佛是宇宙尺度的"大航海时代"，我们不仅想绘制出最真实的太阳系地图，还想沿途发掘新的资源、寻找新的文明。就让我们从月球开启这场试图解释"我们从何而来，我们将向何处去"的远行吧！

月球是人类离开地球，前往深空的第一站。放眼宇宙，38 万千米的地月距离显得微不足道。但对于人类文明来说，这是我们探索地外天体的黄金起点。在 20 世纪 60 年代，科学家和工程师面临着火箭推力有限、导航精度较低、地外登陆经历空白等严苛的现实条件，前往月球无论从技术可行性，还是任务安全性上来说都是首选。月球仿佛张开双臂的母亲，鼓励着稚嫩的我们尝试走出第一步。

人类在 1959~1976 年迎来了第一轮月球探测高峰期，世界各国以竞赛之姿开始了多维角力。其中既有人类发自内心对月球起源等科学命题的求索，也有各国抢占空间制高点、提前锁定太空资源的战略博弈。无论是绕月、登月，抑或采样返回，每一次探月任务的实施都是在展示各个国家的综合科技实力。与此同时，这也点燃了公众对科学技术的热情，激发了大家的民族自豪感。

你将在本书中了解人类的第一次登月之旅，也将与中国探月人一起，感受现代版的"嫦娥奔月"。从清晰的月面图像，到月壤的采样分析，科学家对月球的了解越来越深入。他们利用雷达、光谱等各种技术，在月球上寻找关于水的蛛丝马迹，尝试发现潜在的核聚变燃料氦-3。月球也给我们带来了一个接一个的惊喜：全新矿物嫦娥石被发现，月球

上发现了水的踪迹……这些成就都要归功于一个个盘旋于月球之上的探测器、巡行于

月球表面的月球车以及勇敢无畏的航天人、科学家、工程师等众多托举探月事业的参与者。在这场属于全人类的冒险中，许多人耗费了大量心血，甚至牺牲了生命铺就了前行的路。科学探索之路永远充满荆棘，科学家与工程师携手攻克了一个个难关，在探月之路上稳步前行。

打卡了深空探测的第一站月球后，科学家将目光投向了红色的火星。如果说月球是因为足够"近"才被选中前往，那么火星的优势就是"像"。火星与地球有着诸多共同点：相似的地质结构、四季轮转以及丰富的地形地貌等。这些都让这颗类地行星多年来备受关注。19世纪末，天文学家在望远镜中看到了暗带纵横的火星表面，由此掀起了一场声势浩大的"火星人"科幻热潮。关于火星运河和火星生命的小说、电影层出不穷，其中不乏关于个体与社会、科技与生命的深度思考。火星似乎是地球的孪生兄弟，被地球人寄予了厚望，承载着关于生命起源和文明延续的双重责任。于是，这颗红色行星成了深空探测的第二站。

从1960年苏联发射的人类首个火星探测器，到1976年"海盗1号"登陆火星，再到2021年中国的"祝融号"火星车顺利驶上这片红色土地，人类正在一步步推进远程实地勘探火星地表的计划。在这本书中，你不仅能领略到火星地表的高山与峡谷，还能一睹火星身边的两颗"土豆形"卫星的真容。你可以在脑海中提前构想出前往火星的方法和路线，再看看书中记载的中国科学家是如何选择的。在了解了实际发射面临的发射窗口限制后，新闻中的火星探测器发射时间将不再是一串单纯的数字，你会对它有多一层的认识和理解。搭载了无数中国人梦想的"天问一号"更是一次性实现了"绕、落、巡"等多个首次，充分展现了中国航天人的智慧，也标志着我国在行星探测领域跨入了世界先进行列。凭借新的观测技术和设备，我们得以发现火星上曾经的水流痕迹，得以听见火星地下的"心跳"声，得以追溯火星的昨日之貌，越来越多的谜题正被慢慢解开。

在未来的某一天，当你再抬头凝视宛如玉盘般的月亮时，你或许会想起留在月表的第一个人类脚印，或许也会思念已在月球表面坚守数年的"玉兔号"和"玉兔二号"；当你再看见夜空中火星橙红色的身影时，你或许会天马行空般畅想另一种文明存在的可能，或许也会想象未来你站在火星上的样子。这趟书本中的深空探测之旅绝非为了让你记住各种科学数据，而是希望能与你一起重新感受科学探索的历程，理解严谨科学外衣之下的勇气与柔情。就让这本书成为你了解宇宙的"望远镜"，既为你展现遥远星球上的奇景，也为你带来内心深处的感动与共鸣。现在，就让我们踏上这段前往月球、飞向火星的远征吧！

目·录

为什么要探索别的星球？　1

✿ 如果地球资源耗尽，我们去哪儿找"能量补给包"？　3

✿ 偌大的宇宙中还存在其他生命或文明吗？　7

✿ 通过探索别的星球，我们能回溯地球的形成历史吗？　10

月球有什么特别之处？　13

✿ 月亮会发光吗？它为什么还会变颜色？　15

✿ 月球是如何远程"塑形"地球的？　18

✿ 地球唯一的天然卫星竟是未来太空探索的"始发站"？　22

阿波罗任务是怎么回事？　26

✿ 阿波罗任务开展了多久，有哪些准备工作？　28

✿ 人类的第一次登月之旅有哪些行程？　32

✿ 除了举世瞩目的"阿波罗11号"，其他登月飞行任务顺利吗？　36

中国的探月工程　39

✿ "嫦娥一号"和"嫦娥二号"，是如何飞向月球的？　42

✿ "嫦娥三号"和"嫦娥四号"，落在了月球上的什么地方？　45

✿ "嫦娥五号"和"嫦娥六号",是如何从月球带回
　　"土特产"的? 52

人们在月球上发现了什么? 57

✿ 月球的古老岩石会述说怎样的历史? 60

✿ 月球上的土有什么不一样? 63

✿ 月壤能用来种菜吗? 67

✿ 月球上究竟有没有水? 68

中国的探火工程 71

✿ 如何飞向那颗红色星球? 73

✿ 如何做到高速"刹车"与安全"停车"? 76

✿ "天问一号"带了哪些"神器"? 79

火星有什么特别之处? 83

✿ 是谁开凿了火星"运河"? 85

✿ 山为什么那么高,峡谷为什么那么大? 87

✿ 火星与地球有哪些相似之处? 90

人们在火星上发现了什么? 93

✿ 火星上曾经有过水吗? 95

✿ 火星上现在还有水吗? 98

✿ 火星不仅被"脱水",还被"消磁"了? 100

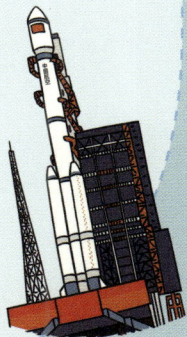

✿ 火星上也会发生地震吗？　　102

火星车和月球车有什么不同之处？　　104

✿ 不同温度和扬尘，会对月球车和火星车产生哪些影响？　　106

✿ 月球车和火星车，怎样才能走得更稳？　　109

✿ 火星车比月球车更加独立？　　113

探月探火还为人们带来了什么惊喜？　　115

✿ 地下洞穴将是我们未来的月球基地？　　117

✿ 探月与大模型会发生怎样的精彩碰撞？　　122

✿ "好奇号"刮开了火星"彩票"？　　123

为什么要探索别的星球？

恒星与行星

当你原地蹦起、双脚离地时，本质上就是一次努力摆脱地球引力的尝试。想要挣脱地球引力的束缚，既需要勇气，又需要智慧。从中国明代"火龙出水"的多级火箭雏形到万户飞天的尝试，人类不断触摸到更高的天空。截至2023年12月，我国长征系列运载火箭已经实现了第500次发射。随着火箭、卫星纷纷上天，我们离星际旅行又近了一步。

面对星辰大海，我们憧憬满满。明代的徐霞客用30多年走遍山河，现在我们有了高铁和飞机，几千公里的旅行变得非常轻松。当出省游、出国游都变得司空见惯时，人们不禁打起了出"球"游的主意。在科学技术帮我们织就飞天"羽衣"的今天，你是否仔细思考过，我们为什么要飞出地球，为什么要去探索别的星球呢？这是因为我们既面临着地球资源告急的现实问题，又怀揣着寻找其他文明的极大热情，甚至还想搞清楚地球、太阳系的过去与未来。

人类在生物演化中不断进阶，我们使用工具、改造环境，成了地球目前阶段的主人。在不断发展人类文明的同时，地球资源被大量开发。当我们拥有日益舒适的生活环境时，许多动植物被剥夺了生存机会，各种可再生与不可再生资源也被大肆消耗，地球"库存"资源快速减少。我们还能从哪儿获得更多资源呢？科学家把目光投向了夜空中的群星，在宇宙中寻找新的"能量补给包"是解决能源危机最直接的办法。宇宙中大大小小的天体上分布着各种金属和水资源，这些都将帮助人类更好地生存下去。

人类社会的飞速发展不仅使资源耗竭，还对地球本身产生了影响。化石燃料的燃烧导致了环境污染和温室效应的加剧。极端天气频发、海平面不断上升，种种连锁反应使人类的生活环境日益恶化。会不会有一天，地球将不再适合人类生存，那时我们是不是可以重新找一个星球，开启新的生活？天文学家需要提前准备，在"搬家"之前先找到合适的下一站。

由此看来，探索其他星球对人类来说至关重要，关乎我们的未来。我们需要更多的资源，也需要为人类的将来找好备选方案。

太阳系里的水冰球——木卫二

在我们的太阳系里，有一个深藏不露的储水大户——木卫二。

木卫二是一颗被冰壳包裹的蓝白色卫星，厚厚的冰壳之下藏着全球性的液态咸水海洋，海洋的平均深度大约为 100 千米。虽然它的直径只有地球的四分之一，但冰下海水的总量却是地球海水总量的近两倍。这个小天体个头不大，水资源却丰富得令人咋舌。

根据现有观测数据，天文学家分析认为，木卫二的海底是与地球类似的岩石海床构造，其地表冰壳上的 M 形冰脊也与地球格陵兰岛上的地表特征非常接近，这些冰脊下方或许还存在着浅层地下水袋结构。科学家通过对木卫二靠近冰壳下方的水域研究发现，该区域海水的温度、盐度和压力等指标与地球南极洲冰架下的海水非常类似。相仿的海洋环境和海水性质，让天文学家惊喜不已。

木卫二上虽然没有企鹅，但也"生机勃勃"，这是一个拥有动态圈层系统的小天体。天文学家在木卫二上发现了多种地质和水文过程。木卫二在围绕木星运动的过程中，会不断受到木星引力的拉扯，冰下的液态海洋因此受到潮汐作用，潮汐加热促使海水保持液态。木卫二围绕木星公转的轨道偏椭圆，与木星的距离时近时远，因此所受潮汐力也会发生变化。当木卫二的地表冰壳存在裂隙喷口，且所受压力出现变化时，就会诱发冰下海洋的水喷出。于是，地球上的天文学家就观测到了木卫二上间歇性的巨型水汽羽状喷流。这种羽状喷流实际上还完成了冰上、冰下的物质与热量交换。相关观测结果还显示，木卫二的冰下洋流会推动冰壳，洋流对冰壳的运动速度影响以及地表特征（裂隙和冰脊结构）的塑造也不可忽视。

丰富的水资源和活跃的水文过程让科学家不禁怀疑，木卫二是否存在孕育生命的可能。一直以来，天文学家都把木卫二当作太阳系中可能存在生命的一个候选地。

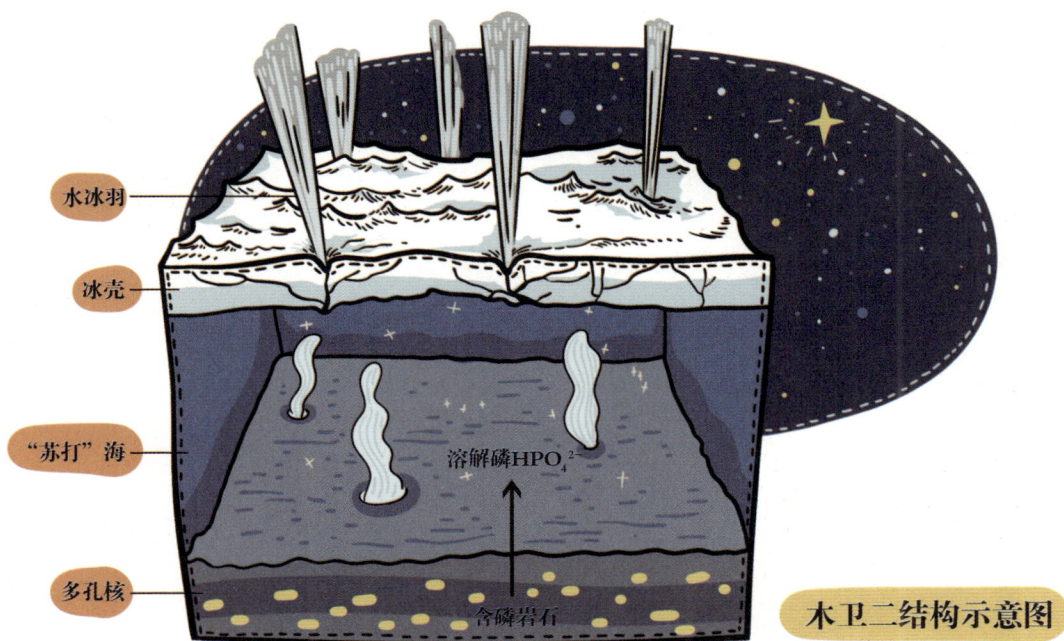

水冰羽

冰壳

"苏打"海

溶解磷HPO_4^{2-}

多孔核

含磷岩石

木卫二结构示意图

木星

木卫一

内核
硅酸盐岩层
液态水
冰盖
木卫二

冰盖

释放微型机器人探测木卫二冰下海洋

好奇心是驱使我们眺望远方、凝视星空的原动力。从 15 世纪克利斯托弗·哥伦布发现新大陆，到 19 世纪查尔斯·罗伯特·达尔文登上加拉帕戈斯群岛，好奇心让我们走出舒适圈。1920 年，天文学家哈罗·沙普利与希伯·道斯特·柯蒂斯针对"宇宙的尺度"展开辩论，当时的人们还不确定银河系的大小。5 年之后，埃德温·哈勃用观测数据确认了仙女星系 M31 远在银河系之外，带领我们认识到宇宙远超银河系的范围。

今天的我们已不会在月球上寻找嫦娥与桂树，也不会因为"荧惑守心"惴惴不安。我们知道得比古人多，但同时未知也变得更多，好奇心也像吹泡泡一样越来越大。其他星球上，会有怎样的风景

克利斯托弗·哥伦布

查尔斯·罗伯特·达尔文

哈勃太空望远镜

哈罗·沙普利（左）
希伯·道斯特·柯蒂斯

埃德温·哈勃

呢？我们要怎样才能去到异星世界呢？那里会有"居民"吗？我们要带上防晒衣还是羽绒服？"长途"旅行会对我们的身体造成什么样的影响？这些念头实在是太有趣了，让人停不下想象。我们正走在探索遥远异域星球的路上，在浩瀚的宇宙中开启新的"大航海时代"。

尼古拉·哥白尼揭示了太阳与地球的关系，我们意识到地球甚至太阳在宇宙中都并不特别。或许，我们也并不孤独。我们渴望寻找到其他文明，想要与其他智慧生物产生联系。

天文学家一方面用望远镜对各种天体细细观察，另一方面也对未知的文明主动发去了问候。他们将地球与人类的信息刻录在金属板上，让探测器携带着这些"信件"像发快递般送向远方。除了实体"信件"，他们还发送了"电子版"消息——天文学家利用射电望远镜向太空中广播人类的"问候"。

射电望远镜向宇宙发射信号

我们发向宇宙的"电子邮件"

　　1974 年 11 月，位于波多黎各的阿雷西博射电望远镜向全宇宙广播了一条消息。这条消息由一串 1 和 0 组成，共 73 行，每行 23 个字符。发送这条消息用时不到三分钟，将这些二进制数字转化为图像后，就能从中解析出地球在太阳系的位置以及地球生物等重要信息。

　　这是地球上的人类首次正式向其他可能存在的文明发去的问候。理论上来说，这封"电子邮件"应该能被银河系中任何一个尺寸和阿雷西博射电望远镜相近的接收器收到。最早设计这条"问候"信息的是弗兰克·德雷克，卡尔·萨根等人也提供了一定的帮助。从设计、发送到苦苦等不来回音，人类开始意识到星际交流的难度。而且，当时的人类也未曾考虑过与其他文明进行交流可能存在的风险。

　　2020 年 4 月 28 日，由中国科学院国家天文台主导建设的中国天眼（500 米口径球面射电望远镜，FAST）正式开启对地外文明的探索。这座目前世界上最大单口径、最灵敏的射电望远镜，未来还将与"突破聆听"计划合作，共同推动地外文明探索。

如果这个信号被地外智慧生命接收并正确解读，就会得到以下信息：

数字——用二进制表示的 1~10 十个数字；

DNA——用原子序数表示的人类 DNA 所包含的化学元素；

核苷酸的化学式；

核苷酸的数量；

DNA 的双螺旋形状；

人的平均身高；

人的外形；

地球上的人口数量；

地球在太阳系中的位置；

碟形的阿雷西博射电望远镜；

阿雷西博信号；

阿雷西博射电望远镜的口径。

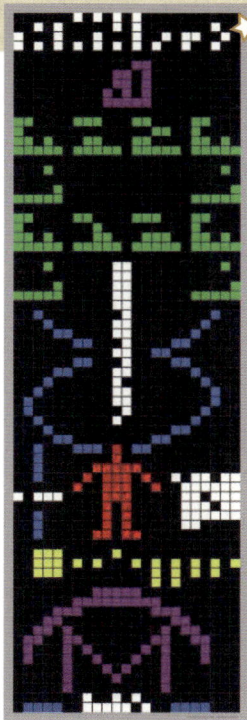

阿雷西博信号图
图片来源：Arne Nordmann (norro)，维基百科

9

通过探索别的星球，我们能回溯地球的形成历史吗？

人类想探索其他星球，其实还暗含着更深层次的天文学意义。

如果你想知道自己长什么模样，但手边又没有镜子，那该怎么办呢？或许你可以走进人群，看看周围的人都长什么样，有哪些共性，这或许能提供一些线索。而想要探究地球的形成历史，我们也可以采用类似的办法：通过大量观察宇宙中的天体，总结出其中的共同点，提炼出规律，我们就能推断出地球的演化历史。

通过将地球科学、生命科学、材料科学等学科与天文学交叉融合，科学家能对其他天体的大气成分、地表特征、内部结构和地质活动等有初步的了解。将这些线索与地球的条件相对应，科学家就能进一步探索地球乃至太阳系的宜居密码。宇宙中各类天体的多样性为我们提供了全新的视角，这对我们理解地球上生命的诞生与演化来说意义重大。

人类对地外世界的探索，不仅促进了空间探测技术的发展与突破，还能为寻找地外资源、地外生命提供帮助，这种尝试既是过程也是成果。这些都会帮助我们更好地认识我们所在的地球以及太阳系。人类一边在探索未知，一边也在补齐自己的历史。

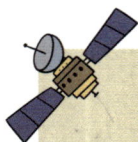

系外行星探测

太阳处于太阳系的中心，作为中央恒星起着主导作用。在太阳引力作用下，其他行星及小天体都围绕着它转动。宇宙中还有许多类似太阳系的天体系统。天文学上把太阳系以外的行星称为系外行星。这些系外行星大多数都围绕中央恒星转动，其中或许就有与地球相似的天体。

2019年的诺贝尔物理学奖就有一半颁给了瑞士天文学家米歇尔·迈耶（Michel Mayor）和迪迪埃·奎洛兹（Didier Queloz），以表彰他们发现了一颗围绕类太阳恒星运行的系外行星。

从1995年首次发现系外行星至今，人类已经确认的系外行星数量已达5500颗。但这些系外行星大多与地球天差地别，天文学家根据它们的大小、物质组成、温度等条件进行了分类：约三分之一是冰态巨行星（类海王星），约三分之一是气态巨行星，不到三分之一是超级地球，不过，真正与地球相似的类地行星仅占3.5%。

观测手段的不断升级正帮助我们看得更远、更清。也许在不久的将来，我们就能在太阳系之外找到"地球2.0"了。

月球有什么特别之处？

月亮（月球），是夜空中最特别的存在。它如此明亮，曹操在《短歌行》中提到"月明星稀"，一旦月亮现身，满天星斗也黯然了；它是如此守时，周期性变化的阴晴圆缺仿佛天然时钟；它距离地球如此之近，我们甚至能用肉眼看到月球上的地表结构——黑色的月海。

月球从古至今就让人们魂牵梦萦。1609 年 11 月，伽利略首次用望远镜对准月球一探究竟；1969 年 7 月，人类首次登月成功；2024 年 5 月，搭载着"嫦娥六号"探测器的"长征五号"遥八运载火箭腾空而起，向着月球背面南极 - 艾特肯盆地出发。随着我们全方位地开始对月球进行"体检"，月球的神秘面纱被逐步揭开。从月球本身的物理、化学性质，到月球与地球千丝万缕的关联，再到月球所处的宇宙空间位置，处处都显露出月球的独一无二。

夜空中宛若银盘的月亮，实际上是个不会自主发光的球体。它两头稍扁，中间较鼓。月球主要由岩石构成，平均密度并不大，大约是 3.3 克每立方厘米，作为对比，地球的平均密度约为 5.5 克每立方厘米。这个地球的"小跟班"直径大约是地球的四分之一，一个地球里差不多能塞下 50 个月球。月球上的重力加速度只有地球的六分之一，所以行走于月球犹如修炼凌波微步，就算是踩空掉落深坑，摔下去的过程也会比在地球上慢一些。正是因为月球上的重力很小，所以无法留住大气层（月球仅有非常稀薄的大气）。没有大气层守护地表热量，月球的日夜平均温差接近 300 摄氏度，夜晚最低仅有零下 180 摄氏度。缺乏大气层缓冲的月球就像一个光秃秃的小石球，直面来自宇宙的各种猛烈辐射（太阳光就是其中一种辐射）。月球并不会主动发光，是太阳光照射到月亮并反射出来光芒，才让古人直叹秋月如圭。换个角度想，月光其实是阳光的"后裔"呢！

除了白色的月亮，你是否曾见过红月亮，甚至是"蓝月亮"呢？这其实是地球的大气层在变魔术。当月亮刚升出地平线或者要落下时，月光要穿过更厚的大气层，会因此散射掉波长较短的蓝光，所以会呈现出偏红或偏黄的视觉效果。在月全食时，月亮也会发红，这是因为地球挡住了直射到月球上的阳光，只有少量的阳光在穿过地球大气层后折射到了月球。这些被地球大气散射并吸收后的"二手阳光"会偏红，当它们再次被月面反射并映入我们的眼中时，红月亮就出现了。

　　火山爆发时往往会喷发出大量尘埃，当这些尘埃颗粒直径在 1 微米左右时，就会由于大气的散射作用让当地的人们欣赏到蓝色的月亮。其实，沙尘暴天气下太阳和月亮看起来都会偏蓝色，也是同样的原理。蓝色的月亮并不常见，天文概念里的"蓝月亮"和月亮的颜色无关，是指一个月里出现的第二次满月。

月亮的大小还会变吗?

当满月出现在地平线附近时,总让人觉得比平时的月亮大了一两倍,但是等月亮爬到天顶,感觉又没那么大了。地平线附近仿佛是个魔法区,会让人混淆月亮的真实大小。其实这是人类的感觉"骗"了自己:人本能地认为地平线非常遥远,由于近大远小的经验,会让我们觉得那里的物体更大。

有时则是月亮与地球的远近变化被具象化地呈现了。严格来说,月球围着地球进行椭圆轨道的运动,所以与地球的距离并不是一成不变的。当距离地球近时,自然会看起来更大。相对于上弦月或者蛾眉月,满月看起来更大。所以当月球运动到近地点附近,同时还是满月的话,月亮的视觉效果会最壮观,也常常被新闻媒体称为"超级月亮"。同理,当月球运动到远地点附近且恰好是满月时,就是"最小满月"。月球的近地点和远地点距离地球分别是 36 万千米和 41 万千米左右。从地球上观察,超级月亮的视直径大约是最小满月的 1.14 倍。不过,这个差别凭人眼很难分辨,要靠相机等设备记录才能区分出来。

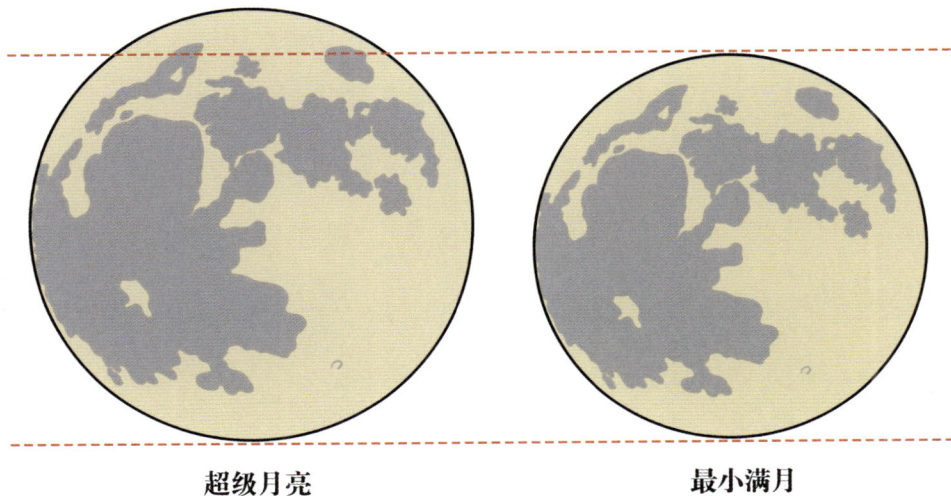

超级月亮   最小满月

超级月亮与最小满月对比图

17

月球围绕着地月系统的质量中心转动。虽然月球的质量还不到地球的 1/80，但它却可以隔空"拿捏"地球，甚至会比太阳更"强势"。

根据万有引力定律可知，两个物体之间的引力大小与距离的平方成反比。所以对于地球上的两个不同区域，只要与月球的距离不同，所受的引力大小也会不同。面对月球的这一半地球会受到更大的引力，背向月球的一半地球受到的引力较小。

地球表面三分之二被海洋覆盖，月球的引力让海水起起伏伏。我们把白天出现的海水水位变化称为"潮"，把夜晚出现的海水水位变化称为"汐"。在地球朝向月球且距离最近的一点上，受到的月球引力最大，这个半球上的海水都会趋向最近点被"吸"起来，海水水位上升形成涨潮。此刻，在地球背面的对应位置，即距离月球最远的那个点，受到的引力最小，因而海水相对于地心有远离的趋势，海水水位也会上升。整体来看，此时的地球距离月球最近和最远的两端都出现了涨潮，其他地方海水水位则下降。

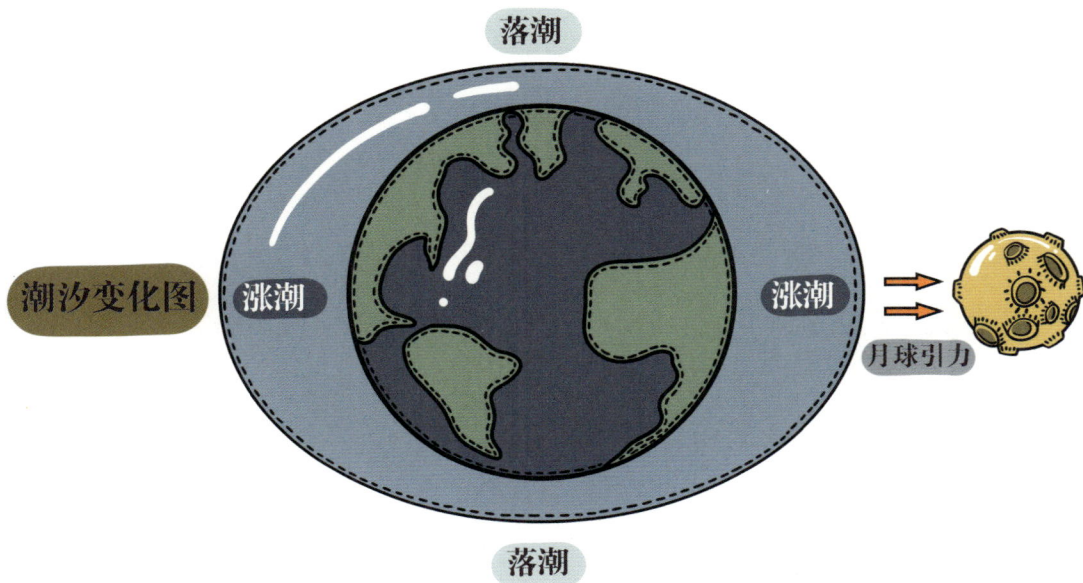

潮汐变化图

落潮

涨潮

涨潮

月球引力

落潮

　　由于月球围绕地球运动，因此涨潮落潮会规律性地出现，两次涨潮的平均间隔时间为 12 小时 25 分。与月亮每天升起时间会比前一天晚 50 分钟一致，后一天的涨潮时间也会比前一天推迟 50 分钟。在同一地点，我们会在一天内观察到 2 次涨潮，2 次落潮。

　　那么太阳呢？它的质量是月球的近 2700 万倍，引发的潮汐规模难道不应该更大吗？这可不一定，由于太阳距离地球要比月球远，因此对海水的影响还不如月球。但是太阳引力形成的潮汐也存在，被称为太阳潮。它会与月球引发的太阴潮共同作用于海水。当日地月成一条直线时，太阳潮和太阴潮一起发力，形成大潮；

当地月连线和地日连线的夹角为 90 度时，太阳潮和太阴潮会相互抵消，形成小潮。不过，受地球海岸线和海底地形等因素影响，海水的潮汐变化要比上文所说的复杂很多。

月球的"远程塑形"不仅仅针对海水，观测结果显示，地球的大气甚至地壳本身也都受月球的摄动作用影响，只不过它们的表现远没有钱塘江大潮那么明显罢了。

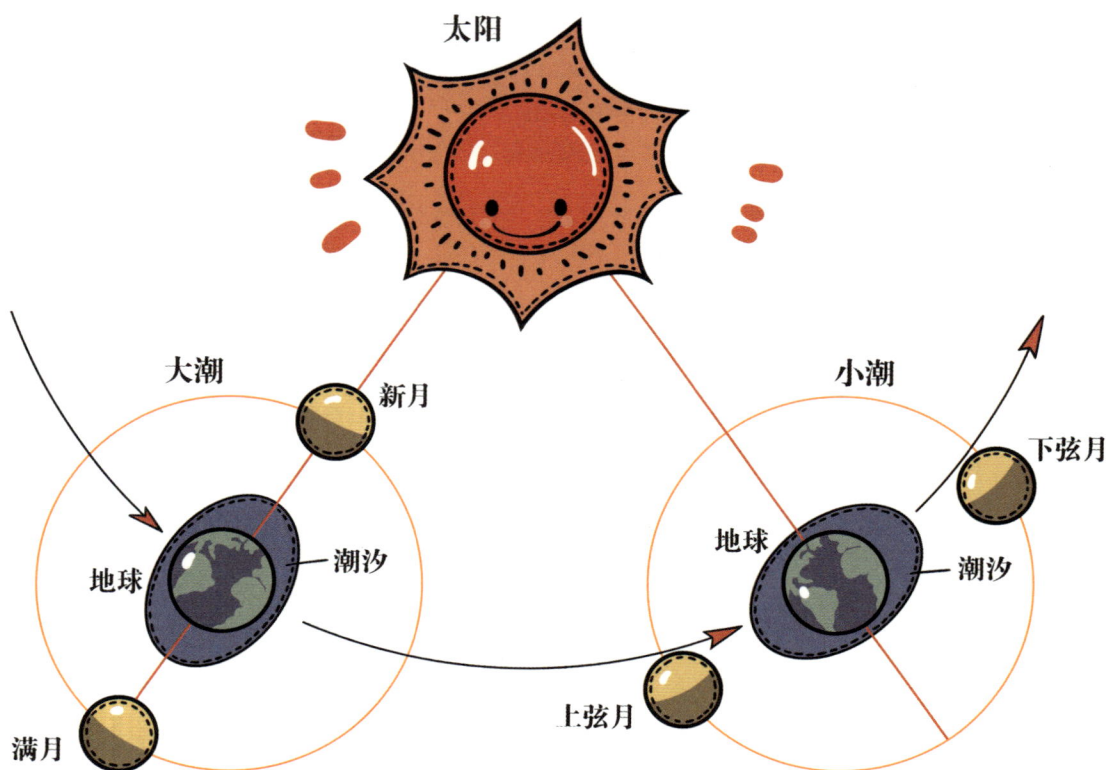

有趣的月相

　　由于日地月三者的规律运动，地球上的我们能看到月亮不同的圆缺形态，古人也因此留下了许多与月相有关的诗词名句。当月球运动到日地之间时，对着地球的是月球暗面，所以我们看不见月亮，这是"朔"；随着月球围绕地球公转，我们能够看见的月球亮面逐渐增大，从上弦月向满月"望"变化；此后，月球亮面又将逐渐缩小，从下弦月向新月变化，最终又回到看不见的"朔"。

　　月相的变化很大程度上影响了人类的历法。古人通过观察发现，月亮完成一次月相变化需要29.5天。许多信奉伊斯兰教的国家仍在使用以月相为基础的历法，我国的农历也以月相周期作为月的单位，但具体属于阴阳合历。

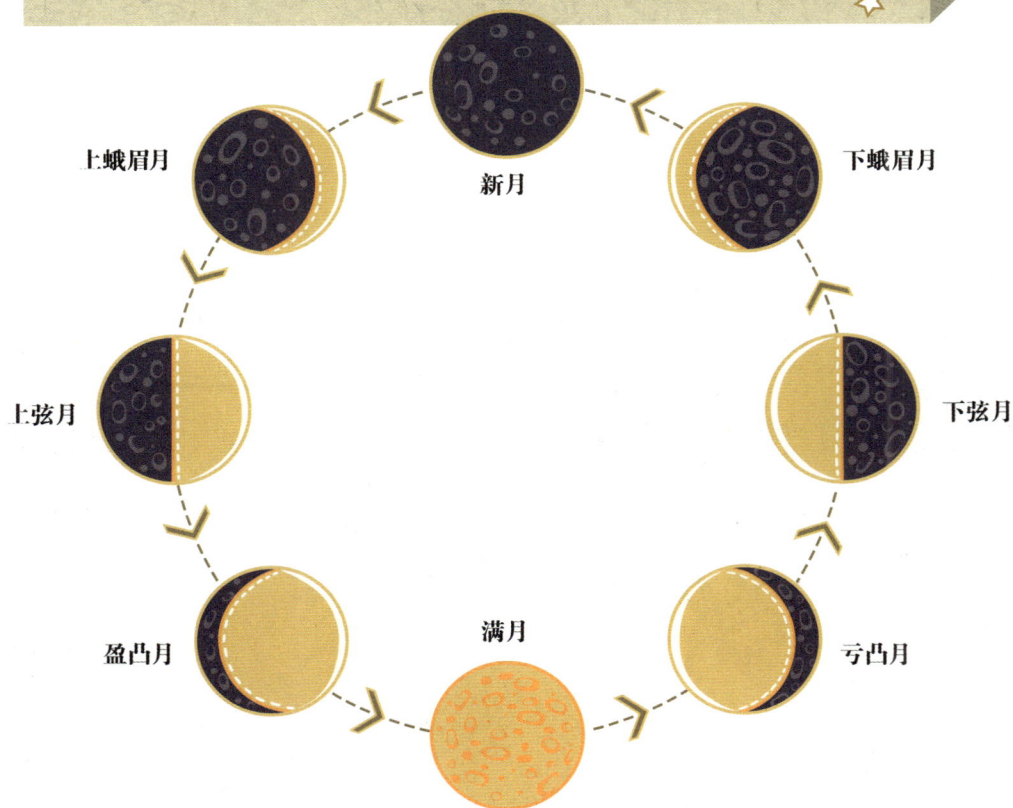

上蛾眉月　　新月　　下蛾眉月

上弦月　　　　　　　下弦月

盈凸月　　满月　　亏凸月

月相变化示意图

地球唯一的天然卫星竟是未来太空探索的"始发站"？

月球，作为地球唯一的天然卫星，无论从天文研究还是国家战略角度来看都无比重要。俄国科学家康斯坦丁·齐奥尔科夫斯基说过："地球是人类的摇篮，但人不能永远生活在摇篮里。他们不断地向外探寻着生存的空间，起初是小心翼翼地穿出大气层，然后就是征服整个太阳系。"月球绝对是这趟旅程的第一站。

首先，月球上的能源和矿产资源将助力我们的未来；其次，月球具备超高真空、无大气活动、无磁场、弱重力、超洁净等特殊

空间环境资源，这是我们开展天文观测、建立新型材料生产基地、建设基础科学实验室等的绝佳场所；最后，月球基地将是人类向外层空间发展最关键的一步，它是人类开展深空探测的前哨和重要转运站。更重要的是，探月本身也是一个国家综合国力和科技发展水平的重要体现，先进的空间技术和空间科学发展水平将确保我国取得应有的空间权益。而月球作为当代太空探索的核心支点，其战略地位也不言而喻。

地球与月球不仅从自然上看属于一个紧密的系统，而且从人类社会的发展来看，也是不可分割的一个整体。

月球仪

　　几乎每个文明的神话传说中都有月亮的身影，对未知的好奇促使人类开始了对月球的探索。古代天文学家就已经开始对月球进行观测和研究了。1609 年，伽利略首次用天文望远镜对月球进行观测，让人们对月球正面地形的了解迈进了一大步。进入 20 世纪后，随着航天技术的发展，人类探月更是取得了飞跃式的进步。苏联、美国等国家相继发射探测器，对月球进行拍摄和探测。1969 年，美国通过阿波罗计划首次实现了载人登月。中国的探月工程也在如火如荼地展开，目前已完成"绕""落""回"三步走计划，并开启了下一步"探""登""驻"任务。这些任务的完成对人类的深空探测有着深远的影响。

　　"月球仪"展品（位于中国科技馆主展厅四层"挑战与未来"A 厅）是可以手动转动的月球模型，表面模拟了环形山、辐射纹、月海等月面特征。通过转动月球仪，可以查看月球的地形地貌和探测器探月落点等信息。

　　月球的地形主要有 5 种。①环形山，是月面的显著特征。由于没有大气层的保护，各种陨石、小天体可以长驱直入砸向月面，使得月球表面凹凸不平。小的环形山可能是一个几十厘米的坑洞，而南极附近的贝利环形山是月球上最大的环形山，直径 295 千米，比海南岛还要大。②月海，是月球上的平原或盆地等低洼地带。因为其反射光线少，早期的天文学家在观察月球时，以为发暗的地区都有海水覆盖，因此把它们误称为"海"。③月陆，是月球上最初的地形特征，是月面上高出月海的地区。从月球正面看，月陆的面积与月海相当，但在月球背面，月陆的面积要比月海大得多。月陆可以说是月球上最古老的地形特征。④月面辐射纹是亮带。它以环形山为中心呈辐射状向四面八方延伸，穿过山系、月海以及环形山。最显眼的是第谷环形山的辐射纹，最长的一条长达 1800 千米，在满月时观察尤为壮观。⑤月谷，是月面上弯曲的黑色大裂缝。最著名的月谷是在柏拉图环形山的东南部，连接雨海和冷海的阿尔卑斯大月谷。

月球自转和公转周期均为 27.3 天，导致月球永远用同一面朝向地球，而另一面则为月球背面。

太空浩瀚无比，探索永无止境。随着科技的不断发展，人类对月球的认识将越来越清晰。未来，会有更多的探测器甚至人类到达月球，为我们一步步揭开月球神秘的面纱。

随着人类对自然和宇宙的不断了解，充满浪漫与科幻色彩的月亮在人们心中的角色也慢慢发生了变化。它从古代文人墨客的灵感来源转变成了各国太空探索竞争的首要目标。虽然我们很长一段时间仍将居住在地球上，但谁登上了月球，谁在太空领域占据主动，这些都将影响地球的未来。于是，雄心勃勃的人类在 20 世纪 50 年代正式拉开了月球探测的大幕。

1959 ～ 1976 年是第一次月球探测的高潮期，苏联和美国在竞争中不断互相赶超，为全人类的航天事业做出了不可磨灭的贡献。其中，美国的阿波罗任务以及 1969 年的首次登月是这段历史长河中最为夺目的亮点。在太阳系悠长的 46 亿年历史里，人类首

月球地平线上的地球，本图由"阿波罗 8 号"拍摄，这是人类的首次绕月飞行
图片来源：NASA

次离开地球的怀抱，去触碰另一个完全陌生的星球。这一壮举背后的无数次尝试和人们为此付出的血和泪，都让这"第一步"显得格外震撼人心。

阿波罗任务开展了多久，有哪些准备工作？

1961年5月25日，时任美国总统肯尼迪宣布了美国将正式开启登月计划——阿波罗任务。这项任务由美国航天局具体组织实施，包括一系列载人登月飞行和探测计划。截至1972年12月最后一次阿波罗号登月，整个项目共历经11年，耗资250多亿美元，共完成6次成功登月飞行，先后有12名宇航员登上月球，在月球上总计停留近280小时，出舱时间约80小时。

这项规模无比庞大的航天项目背后，有着无数普通人的支持。据统计，共有200多个科研院所、2万多家工厂和企业参与了这项任务，前后共有40万人为此付出了努力。著名天文学家卡尔·萨根曾这样评价过阿波罗任务，他们使用从未设计过的火箭，从未构想过的合金，从未制造过的导航和对接系统，目的是将一个普通人送到一个未知世界——一个从未探索过的星球。阿波罗计划不仅是一项航天壮举，更是对政治、科学、技术、经济产生了多

如果是你，会选择如何飞向月球？

当时有5种登月方案被讨论：直接登月法、地球轨道交会法、加油飞机法、月球表面交会法、月球轨道交会法。

直接登月法是使用大型火箭把飞船直接发射到月球上，这对火箭研制和安全着陆月面要求极高。地球轨道交会法是用较小的火箭把飞船以5组部件的方式"散装"发射到环绕地球的轨道上，再由宇航员在太空中完成组装，这需要宇航员在太空中完成大量精准的组装工作，难度和风险都很大。加油飞机法是利用单独的加油飞机在飞船进入轨道后在太空完成燃料添加，但这种操作危险系数太高。月球表面交会法是让宇航员和供应物资（燃料及补给物）分批到达月球表面，登陆后再自行取用，但这对安全登陆和后续物资衔接的时间、距离都要求很高。

在月球轨道交会法中，宇宙飞船分为指令舱（宇航员飞行期间的住处）、服务舱（装载火箭燃料及氧气）和登月舱（用于登陆月面）三部分。首先，3名宇航员乘同一艘宇宙飞船发射到绕月轨道；接着，2名宇航员乘坐登月舱与飞船主体分离，完成月面登陆，另一名宇航员留守飞船的指令舱在绕月轨道上飞行；完成任务后，2名宇航员乘坐登月舱返回绕月轨道，并在对接后回到指令舱，抛弃登月舱以减轻负担；最后，3名宇航员一起返回地球，在接近大气层时抛弃服务舱，仅乘坐指令舱回到地面。这种方案机动灵活，可大幅减少火箭燃料的使用。

相比较来看，月球轨道交会法虽然步骤复杂且技术难度高，但可行性也最高。专家和工程师经过无数次研究和论证，终于在1962年7月11日向外界宣布使用月球轨道交会登月方案。

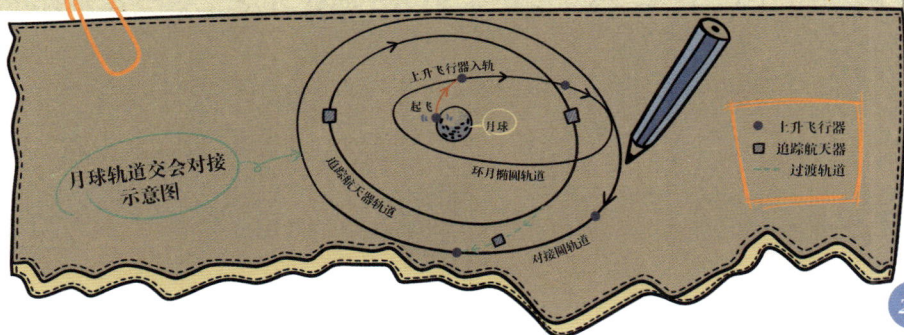

月球轨道交会对接
示意图

上升飞行器入轨
起飞
月球
追踪航天器轨道
环月椭圆轨道
对接圆轨道

● 上升飞行器
■ 追踪航天器
-- 过渡轨道

方面的推动和影响。

　　想要实现载人登月，既需要工程技术等方面的硬件支撑，也需要制定合理可行的具体科学方案。阿波罗任务的专家首先要确定具体的登月方案，然后围绕各类探月轨道器、着陆器、载人飞船等开展试验，还要研制大推力的运载火箭并进行飞行试验，最终才能正式开展载人登月任务。

　　围绕各类前期辅助探测项目，美国航天局也开展了多次试验。1961~1965年，针对月面硬着陆发射了9次"徘徊者（Ranger）"系列探测器，前6次失败，后3次成功，获得了许多高分辨率的月球表面照片；1966~1967年，针对绕月测绘及登月点选择事宜，美国发射了5次"月球轨道器（Lunar Orbiter）"系列探测器，全部成功，获得了覆盖月面99%、分辨率达60米或更高的月球表面照片以及大量遥感数据；在1966~1968年，针对月面软着陆发射了7次"勘测者（Surveyor）"系列探测器（非载人），5次成功着陆月表，考察了载人登月着陆地，开展了月表挖掘试验，对月壤进行了化学分析。这些试验都为后期阿波罗任务的实际开展打下了良好的技术基础。根据选定的登月方案，专家设计了阿波罗登月飞船，成功研制了载人登月任务中极为关键的"土星5号"运载火箭。

当时的苏联表现如何？

在美国的载人登月飞船发射之前，苏联在飞越月球、月面硬着陆、月面软着陆以及月球轨道器等领域取得了很多成果。1959 年 9 月，苏联成功发射月球探测器 Luna2，完成第一次月球硬着陆，这也是首个落在月球上的人造物体。Luna2 发回的观测数据显示，月球上没有磁场。1959 年 10 月，Luna3 首次飞越月球背面并拍下照片。

苏联设计的登月方案与阿波罗任务差异不大，但运载火箭成了真正决定谁是最后赢家的关键。阿波罗计划使用的是冯·布劳恩等人设计的"土星 5 号"，这是航天史上体形最大、推力最强的火箭之一。苏联科罗廖夫设计的 N1 运载火箭研发本就晚于"土星 5 号"，又由于资金短缺、设计师辞世等多种原因，发射试验屡屡失败，最终被取消。大型火箭研发失败对苏联的载人登月来说是当头一棒，再加上其他各种因素，导致苏联在登月之路上被美国赶超。

　　1969 年 7 月 16 日,举世瞩目的"阿波罗 11 号"登月飞船在美国佛罗里达州卡纳维拉尔角升空,伴随着火箭发动机产生的大量烟雾和轰鸣声,数百万观众爆发出了热烈的欢呼和掌声。此刻,坐在飞船内的尼尔·阿姆斯特朗、迈克尔·科林斯和巴兹·奥尔德林开启了人类亲临月球的第一次征途。

大推力的"土星 5 号"是阿波罗任务顺利推进的关键
图片来源:NASA

7月20日，阿姆斯特朗和奥尔德林乘坐"阿波罗11号"登月舱成功着陆月球静海，另一名宇航员科林斯则留守绕月轨道上的指令舱。确认登月舱在着陆过程中没有损坏后，两名宇航员开始了属于全人类的创举——月面行走。阿姆斯特朗最先从登月舱舷梯下来，在"阿波罗11号"发射109小时后，他成了世界上第一个在月球上留下脚印的人。与此同时，他还说出了那句永留史册的话："这是我个人的一小步，但却是人类的一大步。"月面上的阿姆斯特朗和奥尔德林，月球上空的科林斯，地面指挥中心的工作人员，以及无数围着电视的观众，大家一起见证了人类走出地球，踏上月球这个伟大的奇迹时刻。

宇航员留在月面的脚印（"阿波罗11号"任务）
图片来源：NASA

阿姆斯特朗和奥尔德林在月表观察了周围环境，感受身体的各项反应。他们开始月面行走，在考察月表、收集月壤、安装月球科学实验观测仪器（月震仪和激光反射器）的同时，还拍摄了许多照片。在舱外连续工作了2个多小时后，他们回到了登月舱休息。

7月21日，在月面停留了21小时后，阿姆斯特朗和奥尔德林带着28千克的月球样品，乘坐登月舱从月球起飞，回到绕月轨道与指令舱顺利对接。在搬运完需要带回地球的物资后，登月舱与飞船主体分离，3名宇航员终于迎来了回家之旅，最终安全降落于太平洋。

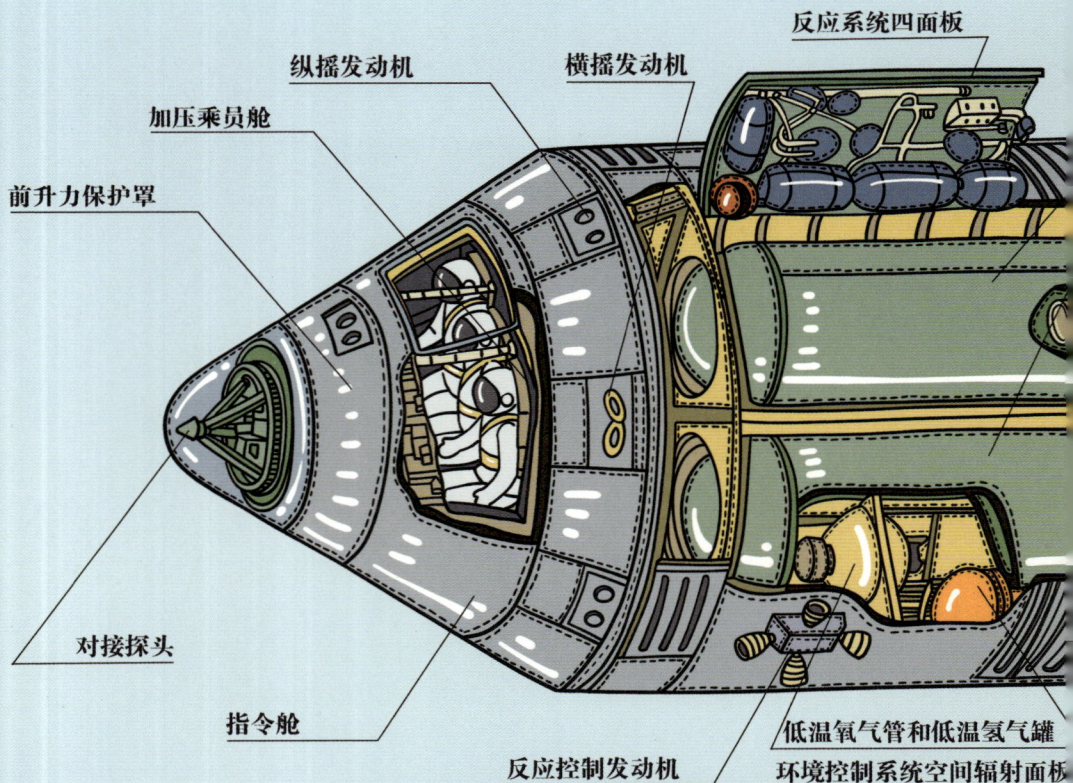

反应系统四面板

纵摇发动机　横摇发动机

加压乘员舱

前升力保护罩

对接探头

指令舱

反应控制发动机

低温氧气管和低温氢气罐

环境控制系统空间辐射面板

"阿波罗 11 号"飞船什么样?

　　飞船总高 29 米，重约 50 吨，由指令舱、服务舱和登月舱构成。指令舱位于飞船顶端，中间为服务舱，最下方为登月舱。指令舱为圆锥形，高 3.3 米，底部直径 3.9 米，重 6 吨，舱内温度保持在 24℃左右。服务舱高 7.4 米，直径 3.9 米，在舱体下方装备有火箭发动机。登月舱有 4 条细长的支脚，总高 7 米，展开支脚后的直径达 9 米。宇航员们把"阿波罗 11 号"的登月舱称为"鹰"，把指令舱和服务舱构成的主体称为"哥伦比亚"。

主推进剂罐

服务舱

发动机喷管

S波段天线

指令舱及服务舱结构示意图

在任务开展之初,很多准备工作尚未完成,但又急于实施,导致在 1967 年,"阿波罗 1 号"在地面失火,有 3 名宇航员因此不幸罹难。在之后的两年里,美国宇航局不断改进技术,又开展了 5 次不载人的飞行试验("阿波罗 2 号"~"阿波罗 6 号")。

通过不断改进和完善各类技术,终于在 1968 年 10 月和 12 月完成了第一次载人无登月舱飞行试验("阿波罗 7 号")和第一次载人无登月舱环月飞行("阿波罗 8 号");1969 年的 3 月和 5 月再次进行载人环月飞行并模拟登月("阿波罗 9 号""阿波罗 10 号")。1969 年 7 月,"阿波罗 11 号"成功完成载人登月。随后,

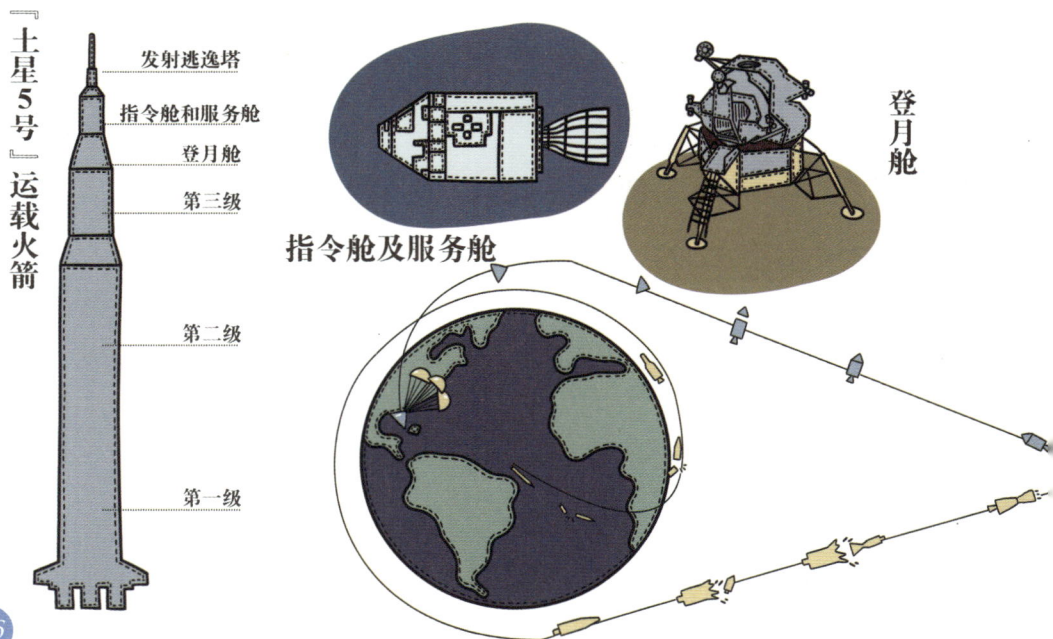

『土星 5 号』运载火箭

发射逃逸塔
指令舱和服务舱
登月舱
第三级
第二级
第一级

指令舱及服务舱

登月舱

"阿波罗 12 号"在 1969 年 11 月登陆月球风暴洋地区，宇航员月面工作约 8 小时，采集样品约 34 千克；"阿波罗 14 号"在 1971 年 2 月于弗拉摩洛高地登陆，宇航员月面工作约 9.5 小时，采集样品约 43 千克；"阿波罗 15 号"在 1971 年 7 月于哈德利 - 亚平宁地区登陆，宇航员月面工作约 18.5 小时，采集样品约 78 千克，并首次携带月球车登月；"阿波罗 16 号"在 1972 年 4 月于笛卡儿高地登陆，宇航员月面工作约 20 小时，采集样品约 96 千克，第二次携带月球车登月；"阿波罗 17 号"在 1972 年 12 月于金牛 - 利特罗山谷登陆，宇航员月面工作约 22 小时，采集样品约 110 千克，第三次携带月球车登月。

1970 年 4 月，"阿波罗 13 号"在飞向月球的途中由于服务舱故障取消登月，经地面指挥人员与宇航员协作安全绕月返回。

阿波罗计划的着陆点：

阿波罗 15 号
阿波罗 17 号
阿波罗 11 号
阿波罗 12 号
阿波罗 14 号
阿波罗 16 号

美国宇航局登月路线示意图

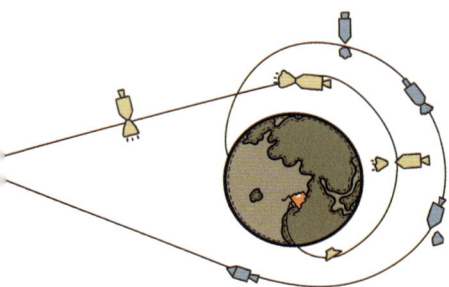

你知道吗，史努比也上过月球？

　　大家熟知的卡通形象史努比（Snoopy）也"助力"过阿波罗登月。美国宇航局与这只俏皮的小狗多次联动，希望以此进一步吸引普通群众对阿波罗登月飞行任务的关注。1968年，"阿波罗8号"顺利发射，这是人类首次进入月球轨道，三名宇航员佩戴了史努比银胸针进入太空。1969年，"阿波罗10号"任务作为人类正式登月前的最后一次彩排顺利推进，在这次任务中，登月舱被命名为"史努比"，指令舱被命名为它的主人的名字"查理·布朗"。美国宇航局从此时开始颁发"银史努比奖"（Silver Snoopy Award）t，用来表彰对载人航天任务安全与成功做出杰出贡献的个人。获奖者会得到一枚史努比造型的银胸针，最特别的是每一枚胸针都曾在太空中飞行过。其实，在阿波罗任务中还有许多与史努比有关的"彩蛋"，感兴趣的你也可以去历史资料中查探一番。

史努比银胸针

中国的探月工程

从航天科技发展历程来看，中国之前已在人造地球卫星、载人航天两大领域取得瞩目成果，以探月为里程碑的深空探测势在必行。探月工程的顺利推进进一步巩固了中国的大国地位，对外提升了国际影响力，对内增强了民族凝聚力和自豪感。围绕探月展开的一系列科学研究和工程建设也在推动基础学科的创新，激发了科技创新活力，促进了国际交流与合作。

嫦娥奔月

"嫦娥奔月"的神话传说寄托着人们对这一神秘天体的向往。2004年，中国正式启动月球探测的"嫦娥工程"，分为"绕""落""回"三个阶段。

"嫦娥奔月"展品（位于中国科技馆主展厅四层"挑战与未来"A厅）展示了"嫦娥工程"中具有代表性的航天器。选择感兴趣的航天器，在展台上以拖动的方式将它发射到屏幕上的"太空"中，就可以在圆形投影屏幕上观看航天器进入月球轨道的过程，了解该航天器的作用以及取得的成就。

2007年10月24日，"嫦娥一号"成功发射升空，迈出了我国月球探测的第一步。这是中国航天科技发展道路上继发射人造地球卫星、载人飞船后的第三个里程碑。2009年3月1日，"嫦娥一号"受控撞月，为"嫦娥工程"一期画上了圆满的句号。

2010年10月1日，"嫦娥二号"作为"嫦娥工程"二期的先导星，开展了先期飞行试验。之后，"嫦娥二号"继续向深空飞行，它与图塔蒂斯小行星擦身而过，继续前行。2013 年 12 月 2 日，"嫦娥三号"探测器被准确送入地月转移轨道；同年 12 月 14 日，"嫦娥三号"自主选择着陆点，经悬停、避障和缓速下降后，首次实现中国航天器地外天体软着陆。2019 年 1 月 3 日，"嫦娥四号"成功着陆在月球背面，圆满完成了"嫦娥工程"二期"落"的任务。

2020 年 11 月 24 日，"嫦娥五号"探测器成功发射升空。随后探测器自动完成月面样品采集，并从月球起飞，顺利返回地球，将月球样品带回。"嫦娥五号"探测器是我国研制的首个实施无人月面取样返回任务的航天器，圆满完成了"嫦娥工程"三期"回"的任务。至此，中国"嫦娥工程"初步完成月球探测"绕""落""回"三步走计划。

然而中国探月的脚步并未停止。2024 年 6 月 2 日，"嫦娥六号"成功着陆在月球背面南极 - 艾特肯盆地预选着陆区，完成了人类探测器首次在月球背面实施的样品采集任务。未来我国还会发射更多的航天器去探索月球的奥秘。

2007 年 10 月 24 日,"嫦娥一号"搭乘长征三号甲运载火箭在西昌卫星发射中心成功发射。作为中国首颗绕月人造卫星,"嫦娥一号"备受关注。发射之后,地面的测控系统和飞控中心就像是家里的老母亲,用无形的电磁波时刻守护着这个第一次出远门的探路者。"嫦娥一号"的奔月旅程并非直达,它经过了停泊轨道、地月转移轨道、月球捕获轨道和环月长期运行轨道四个阶段。在停泊轨道阶段,区别于直接抛出的棒球,它更像是链球,被甩了好几圈才奔向月球。"嫦娥一号"此行的主要任务是给月球"拍照"。在环月飞行期间,处于 200 千米轨道高度的"嫦娥一号"用携带的 CCD(电荷耦合器件)立体相机完成了月面成像拍摄,并获得了中国探月工程的第一幅月面图像。累计飞行 5514 圈之后,"嫦娥一号"于 2009 年 3 月 1 日以受控撞月的方式,在丰富海区域为本次任务画上了句号。这一结局固然悲壮,但也为以后的探测器营造了更安全的空间环境,而且撞击本身也具有新的科研价值。

16小时轨道　　24小

2010年10月1日，"嫦娥二号"搭乘长征三号丙运载火箭在西昌卫星发射中心成功发射。作为"嫦娥一号"的备份星，"嫦娥二号"带着多重任务出发。一回生，二回熟，得益于火箭推力的加码，"嫦娥二号"没有再像链球似的绕那么多圈，而是直接进入了地月转移轨道。在100千米轨道高度处，"嫦娥二号"依旧绕月飞行。拍摄高度的降低，让"嫦娥二号"能拍摄到更加清晰的月面细节。历经近200天的拍摄，我们获得了首张7米分辨率全月地形图。同样是绕月和照相，"嫦娥二号"比"嫦娥一号"肩上的担子更重，它还要为"嫦娥三号"提前"踩点"，拍摄未来预选着陆区更加精细的图像。

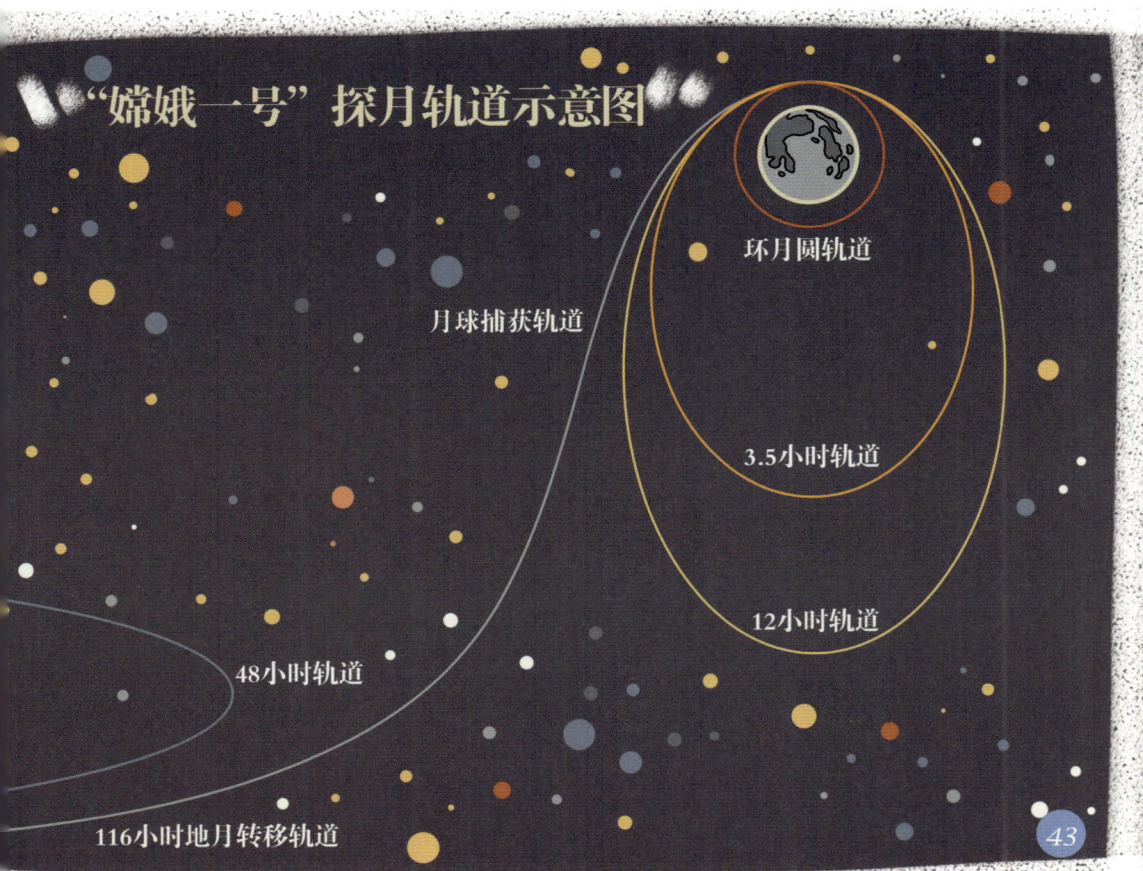

"嫦娥一号"探月轨道示意图

环月圆轨道

月球捕获轨道

3.5小时轨道

12小时轨道

48小时轨道

116小时地月转移轨道

2011 年 4 月 1 日，"嫦娥二号"到达预期设计寿命，但良好的运行状态让它拥有了更多可能。在考量了各种探测目标后，测控人员将其下一站定为日地拉格朗日 L_2 点。当年 8 月 25 日，"嫦娥二号"到达了这个太阳与地球的引力平衡点，还完成了一系列日地空间环境探测项目。能者多劳，"嫦娥二号"在 2012 年 4 月 15 日迎来了旅程的第三站——与图塔蒂斯小行星交会。当年 12 月 13 日，相对速度超过 10 千米 / 秒的它们成功相会，最近距离仅 3.2 千米，"嫦娥二号"还拍摄到了图塔蒂斯小行星的光学影像。从 38 万千米远的月球，到 150 万千米远的 L_2 点，再到 700 万千米外的小行星，作为中国第一个小行星探测器，"嫦娥二号"将一路奔向更远的深空。

"嫦娥二号"飞行路线示意图

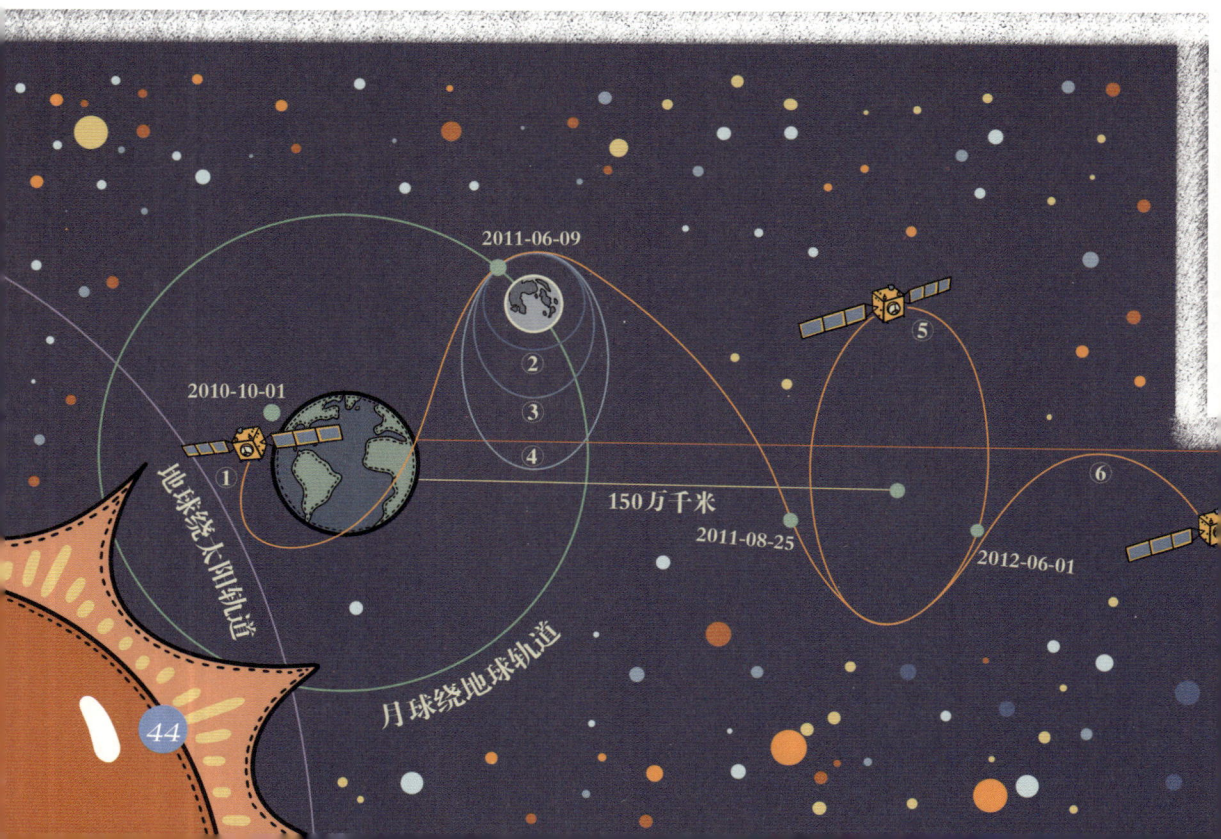

地球绕太阳轨道
月球绕地球轨道
2011-06-09
2010-10-01
① ② ③ ④
150 万千米
2011-08-25
⑤
⑥
2012-06-01

2013年12月2日，"嫦娥三号"搭乘长征三号乙运载火箭在西昌卫星发射中心成功发射。在"嫦娥一号""嫦娥二号"顺利完成"绕"月后，"嫦娥三号"将对月球发起新的挑战——"落"月。这次任务的着陆地在月球正面雨海西北部的虹湾，这里地势较为平坦易于着陆，太阳能充足利于探测器后期供能，位于月球正面便于与地面通信，而且该区域也没有其他国家探测过，具有较高的科学研究价值。这片区域后经国际天文学联合会批准被命名为"广寒宫"，附近的3个环形山分别被命名为"紫薇""天市""太微"。

"嫦娥三号"实现了中国首次无人探测器月面软着陆，还在月球上释放了一只中国"兔子"——"玉兔号"巡视器。"玉兔号"与"嫦娥三号"互拍照片后，顺利开展了月面巡视勘察工作以及各项科学探测任务。它共计行驶114.8米，工作了900多天，远超3个月的设计寿命，后因故障在月球上沉沉睡去。

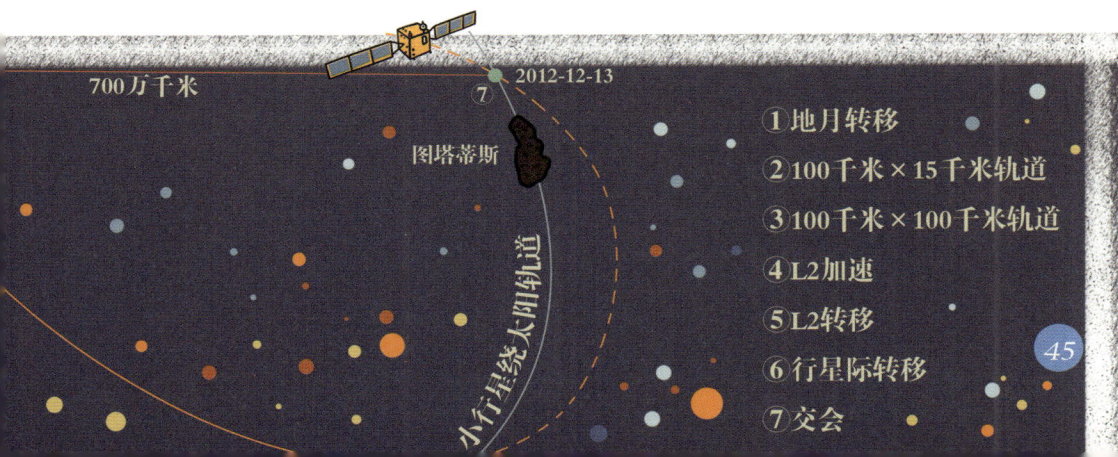

700万千米　2012-12-13

图塔蒂斯

小行星绕太阳轨道

①地月转移
②100千米×15千米轨道
③100千米×100千米轨道
④L2加速
⑤L2转移
⑥行星际转移
⑦交会

模拟月球软着陆

在"嫦娥一号""嫦娥二号"相继成功完成任务后，为进一步探测月球的奥秘，中国科学家计划执行"嫦娥工程"任务的"落"计划，简单来说就是让航天器准确安全地着陆月球。软着陆技术在降低航天器的损耗方面起到了关键作用。软着陆是指航天器在下降过程中逐渐减小降落速度，使其在接触地球或其他星球表面的瞬时垂直速度降到很低，从而不受损坏地着陆。例如，通过推进器进行反向推进减速，改变轨道利用大气层逐步减速，或者利用降落伞降低速度等。一般来说，每种航天器都会通过多种减速方式共同作用实现软着陆。

"模拟月球软着陆"展品（位于中国科技馆主展厅四层"挑战与未来"A厅）通过多媒体互动形式介绍了实现月球探测器软着陆所需要的技术条件。在展品中有莫斯科海、雨海、静海、云海、风暴洋 5 个着陆点，推拉摇杆选择平坦开阔的着陆点，操作"推力 +""推力 −"按钮来调节火箭推力，控制探测器下降速度；屏幕右下角会显示火箭当前的实时推力、下降速度、距离地面的高度和燃料使用情况。燃料用尽前将探测器缓慢降落在月球表面便可着陆成功，否则会提示失败。由于月球表面几乎没有空气，当航天器在月球表面降落时，无法使用降落伞进行减速，因此主要采用制动火箭减速以及着陆缓冲的办法实现软着陆。当航天器到达预定着陆区上空时，启动制动火箭并调整制动火箭的推力方向，下降到一定高度时，改为小推力工作或自由垂直下降。当航天器接近月面时，制动火箭自动停止工作，此时航天器的下降速度仅为 1~2 米 / 秒，起缓冲作用的支撑脚可以将这些动能吸收，使航天器安全着陆。

2019年，"嫦娥四号"成功着陆在月球背面冯·卡门撞击坑的预选着陆区，实现了人类探测器首次月背软着陆，中国"嫦娥工程"再一次实现重大突破，为我国载人探月任务打下了坚实基础。

模拟月球软着陆
Simulation of Lunar Soft Landing

"软着陆"成功！

冯·卡门撞击坑

2014 年 11 月 1 日，中国探月工程三期再入返回飞行试验也获得圆满成功。在历经 8 天的飞行后，再入返回飞行试验返回器在内蒙古四子王旗预定区域精准着陆，这为之后任务的推进奠定了坚实基础。

2018 年 12 月 8 日，"嫦娥四号"搭乘长征三号乙运载火箭在西昌卫星发射中心成功发射。作为"嫦娥三号"的备份，"嫦娥四号"又发起了新的挑战——在月球背面软着陆。在此之前，还没有任何国家的探测器到达月球背面并着陆。这片全新的区域与我们能直接观测到的月球正面存在不同的地表环境，具有极高的科学探测价值，而且还因纯净的空间电磁环境而特别适合开展天文观测。研究人员选定了冯·卡门撞击坑作为登陆点，机遇伴随着挑战而来，这次的登陆地要比虹湾地区崎岖得多，是山区与平原的差别，而且月背如何与地球进行通信也是无法绕开的难题。好在中国的航天人一一解决了这些难题。

2019 年 1 月 3 日，"嫦娥四号"成功着陆于南极 - 艾特肯盆地内的冯·卡门撞击坑。这片区域后经国际天文学联合会批准被命名为"天河基地"，附近的 3 个环形山分别被命名为"织女""河鼓""天津"，冯·卡门撞击坑内的中央峰被命名为"泰山"。"玉兔二号"巡视器也被成功释放并与"嫦娥四号"完成了互拍。截至 2023 年 1 月，"玉兔二号"已在月面行驶 1455.2 米。"玉兔二号"虽与"玉兔号"分处月球两侧，无法见面，但这两只"兔子"都被中国人深深牵挂。

大功臣"鹊桥"

由于月球背面始终不会朝向地球，因此月背的探测器如何与地面进行通信是一大现实难题。2018 年 5 月 21 日，鹊桥中继星成功发射，就像它的名字一样，它为月球与地球间的通信搭起了一座桥。它在绕地月拉格朗日 L_2 点的晕轨道（Halo）上运动。

2024 年 3 月 20 日，鹊桥二号中继星成功发射。它不仅服务于"嫦娥四号"，还要承担"嫦娥六号""嫦娥七号""嫦娥八号"等多个探测器的通信任务，除此之外还搭载了阵列中性原子成像仪、极紫外相机和月球轨道 VLBI 试验系统三项科学载荷，肩负着科学观测的重任。

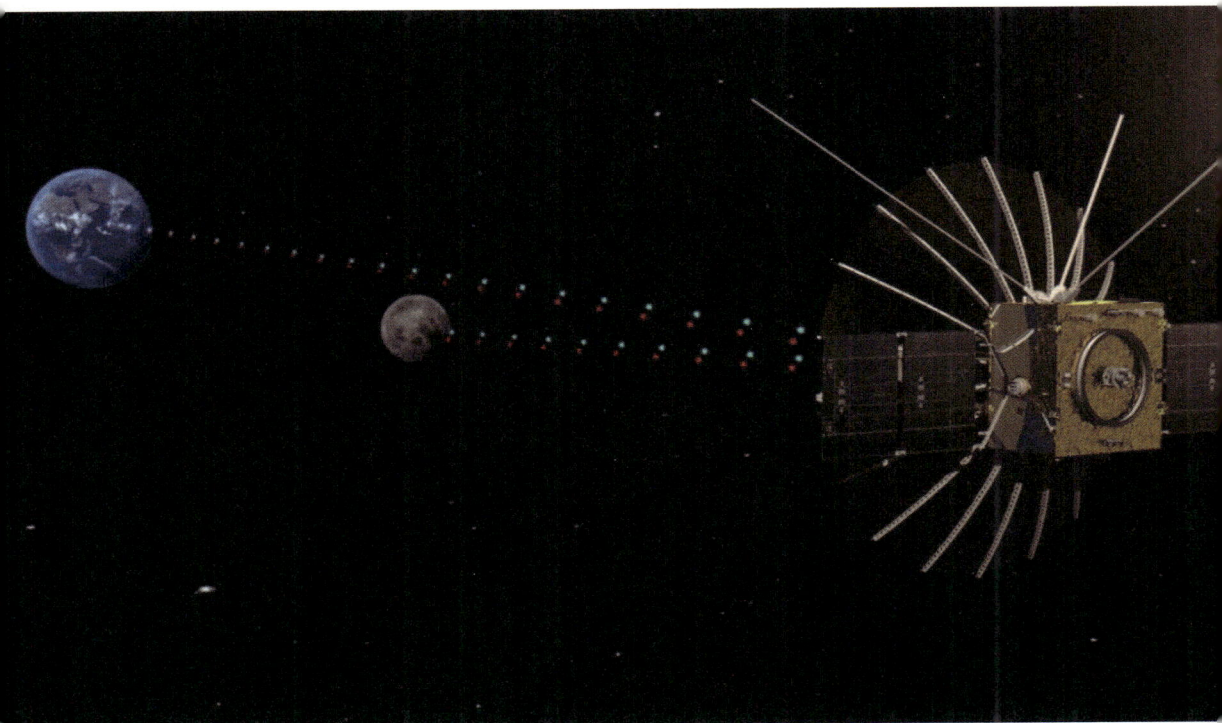

"嫦娥四号"鹊桥中继星在轨示意图
图片来源：中国宇航学会

嫦娥与玉兔

"嫦娥四号"探测器最初是"嫦娥三号"的备份星，能够在先导星"嫦娥三号"工作失效的情况下，接替先导星的工作。在2013年"嫦娥三号"任务成功完成后，"嫦娥四号"的任务由备份星调整为在月球背面着陆。由于地球对月球的"潮汐锁定"效应（即月球自转一圈的时间和它绕地球公转一圈的时间是一样的），地球上的人们始终只能看到月球的正面，因此月球背面显得颇为神秘。人类虽然向月球发射过不少探测器，但"嫦娥四号"是世界上第一个在月球背面软着陆的人造探测器。

"嫦娥与玉兔"展品（位于中国科技馆主展厅四层"挑战与未来"A厅）展示了我国月球探测工程中的重器——"嫦娥四号"的1∶1仿真模型，它由着陆器与巡视器组成。在它旁边身着银色外衣的展品，就是它的巡视器"玉兔二号"。

作为世界首个在月球背面软着陆巡视探测的航天器，"嫦娥四号"继续更深层次、更加全面地探测了月球地质、资源等方面的信息，完善了月球的档案资料。它开辟了人类月球探测的新领域，树立了国际探月征程上新的里程碑，为人类和平利用太空做出了新的贡献。

鹊桥中继卫星

在月球背面登陆的"嫦娥四号"与地球上的测控中心不仅相隔遥远，而且还要隔着月球球体进行通信。但测控中心通信信号无法穿透月球抵达其背面，这就需要中继卫星的帮助来实现数据传输，完成地面测控任务。

"鹊桥中继卫星"展品（位于中国科技馆主展厅四层"挑战与未来"A厅）展示了鹊桥中继卫星在地球与"嫦娥四号"月面着陆器通信时的作用，以及地球与"嫦娥四号"的通信路径、地月拉格朗日点、电磁波的直线传播等科学现象。通过操作杆可以分别启动模型，演示有无中继卫星工作的两种情况，采用红外激光束演示地球与月球正面或背面探测器的电磁波传输路径，并且在传输路径上设置水雾使光束直观可见。

在地月系中，有 5 个引力动平衡点，名为地月拉格朗日点。科学家发现，将探测器发射到这些点附近，探测器就可以借助地球和月球的引力作用来运动，用相对较少的燃料就能维持运行。鹊桥中继卫星实际上就在地月拉格朗日 2 号点（L_2 点）附近运行。虽然 L_2 点位于月球背面，但是科学家设计了一条特殊的曲线轨道，这是一条围绕 L_2 点但在地月通信盲区外的晕轨道。在这个位置上运行的鹊桥中继卫星既能节省燃料，又能很好地完成地月通信支持的任务。

2020年11月24日，"嫦娥五号"搭乘长征五号遥五运载火箭在文昌卫星发射中心成功发射。在"绕""落"任务顺利完成后，带着月球样品"回"地球成了新的目标。考虑到要带回"土特产"，"嫦娥五号"也添置了新装备，由轨道器、返回器、着陆器、上升器四部分组成。这四个部分一起飞往月球，到达环月轨道后，轨道器、返回器继续飞行，着陆器和上升器与它们分离并下降。2020年12月1日，"嫦娥五号"着陆器和上升器平稳着陆于月球正面风暴洋北部。这片区域后经国际天文学联合会批准被命名为"天船基地"，附近的5个环形山被命名为"裴秀""沈括""刘徽""宋应星""徐光启"，附近两条山脉被命名为"华山"和"衡山"。在使用机械臂完成采样后，仅上升器从月面起飞，与轨道器、返回器交会对接并转移样本，随后返回地球，最终仅返回器进入地球大气层回到地面。

"嫦娥五号"在这次任务中解锁了多项新技能，包括首次月面采样、月面起飞、月球轨道交会对接、带样返回等，共计带回1731克珍贵的月球样品，这也是中国第一次拥有属于自己的地外天体返回样品。

探秘"嫦娥五号"

几十年前，随着美国、苏联相继从月球上获取样品，月球的神秘面纱逐步被人类揭开。"嫦娥五号"承载着中国人的探月梦想，实现了地外天体采样、起飞和月球轨道交会对接等中国航天史上的多个"首次"，收获了研究月球乃至太阳系行星的宝贵科学样品，也奏响了中国"嫦娥工程""绕、落、回"探月三步走的终章强音。

"探秘嫦娥五号"展品（位于中国科技馆主展厅四层"挑战与未来"A厅）展示了"嫦娥五号"着陆器与上升器的1∶1模型。"嫦娥五号"探测器全重8.2吨，由轨道器、返回器、着陆器、上升器4个部分组成，其结构研究上的成功促进了我国深空领域多任务复杂探测器的跨越式发展，具有重大的社会、经济和科学意义。"嫦娥五号"经历地月转移、近月制动、环月飞行后，着陆器和上升器组合体与轨道器和返回器组合体分离，轨道器携带返回器留轨运行，着陆器承载上升器在月球正面预选区域成功软着陆，开展月面自动采样等后续工作。在展品操作台触摸屏上选择播放"探月工程""取壤之旅""解

密嫦娥五号"等影片，可以进一步了解我国探月工程以及"嫦娥五号"的相关信息。

"嫦娥五号"采集的月壤样品，让我们在揭秘月球的探索之路上更进一步，而科学家的探索却并未止步于此。2024年10月15日，"嫦娥六号"从月球背面带回了1935.3克月壤样品，这是人类首次从月球远端采集样本。此外，为增进国际合作，"嫦娥六号"任务搭载了法国的氦气探测仪、欧空局的负离子探测仪、意大利的激光角反射镜、巴基斯坦的立方星等4个国家和组织的载荷及卫星项目，是各国和组织携手开展太空合作并共享利益的良好范例。

2024年5月3日，"嫦娥六号"搭乘长征五号遥八运载火箭在文昌卫星发射中心成功发射。作为"嫦娥五号"的备份，"嫦娥六号"进行了升级并朝着月球背面再次进发。2024年6月2日，"嫦娥六号"着陆器和上升器成功着陆于月球背面南极 - 艾特

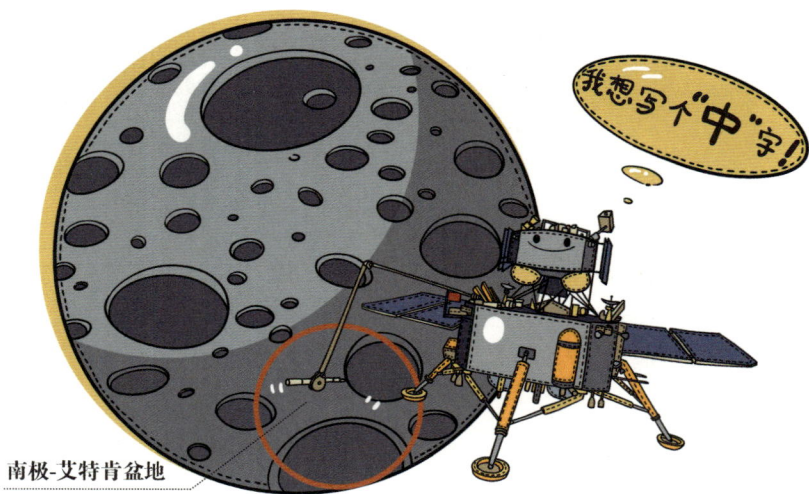

南极-艾特肯盆地

我想写个"中"字！

肯盆地。这次任务既包括月面成像、月表矿物光谱分析、探测月表地下结构等科学探测，也包括备受关注的采样环节。这次的采样在月表留下了类似汉字"中"的痕迹，"嫦娥六号"着陆器还在月球背面成功展开了五星红旗，这是中国首次在月球背面独立动态地展示国旗。2024年6月25日，"嫦娥六号"返回器于四子王旗着陆场成功着陆，这是中国也是世界上首次月背采样返回。

"嫦娥六号"月背采样后留下的"中"字
图片来源：焦点访谈

"嫦娥飞天"背后的支持者

从"嫦娥一号"到"嫦娥六号"，从火箭发射到最终返回地球，我们的目光总是紧紧锁定在探测器和火箭上。其实，任务一次次成功也要感谢测控系统和地面应用系统的保驾护航。除了地面上的北京飞控中心、西安测控中心、上海VLBI中心和国内外的多个测控站（喀什深空站、阿根廷深空站等），还有海里的测控船（远望号）和天上的中继星（鹊桥）等，是它们的联手合作保证了任务的顺利完成。

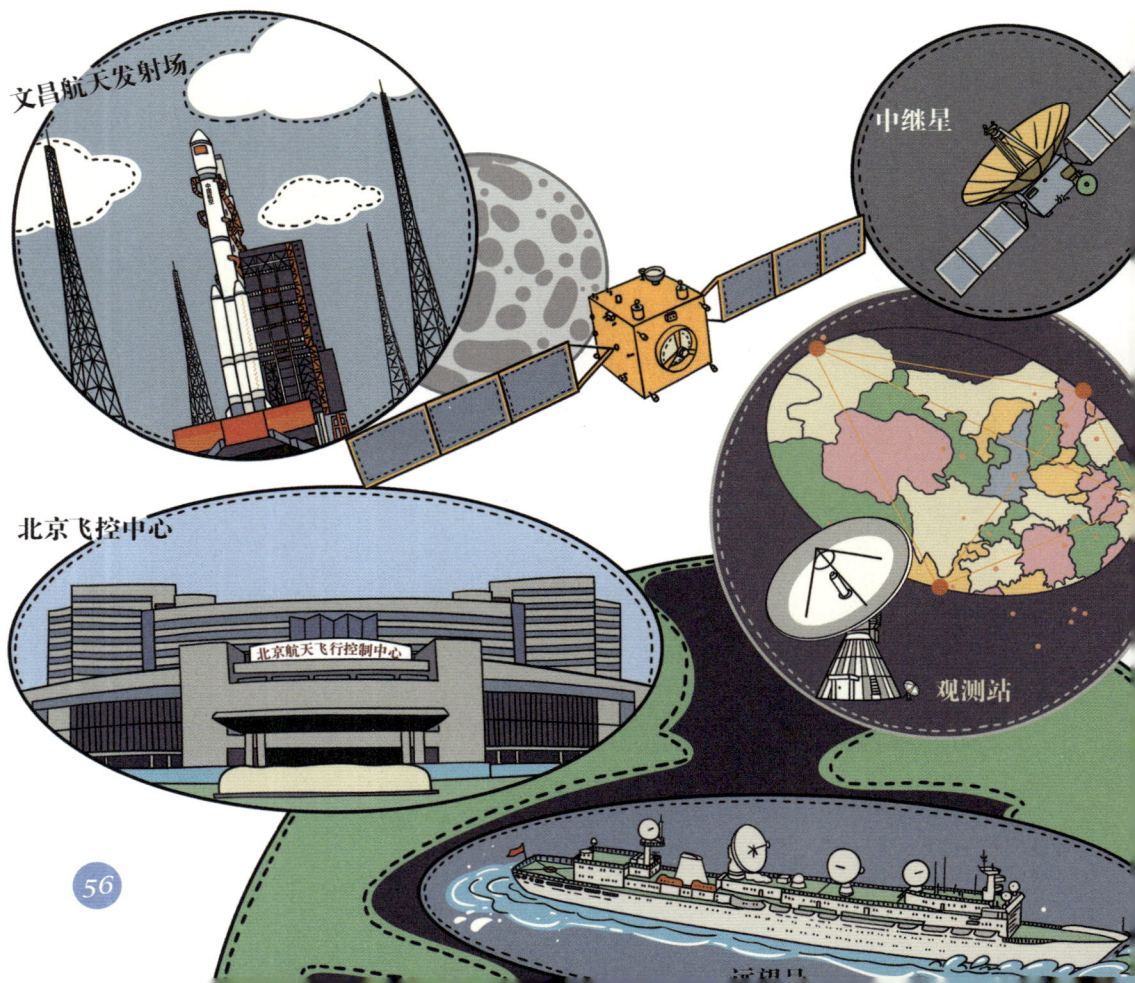

文昌航天发射场

中继星

北京飞控中心

北京航天飞行控制中心

观测站

人们在月球上发现了什么？

月海玄武岩

嫦娥石

角砾石

苏长岩

玻璃珠

氦-3

富铝斜岩

　　从举杯邀明月到发射探测器环绕月球飞行，再到今天登陆月球、带回月壤，人类对月球的探索从未停歇。从宇宙空间来看，地球与月球在以每年不到 4 厘米的速度彼此远离，但这 80 多年里的科技腾飞，让人们与月球的"距离"越来越近。你可以随时在网络上欣赏到月壤中玄武岩、玻璃珠的显微照片，也可以在中国国家博物馆和北京天文馆近距离观赏珍贵的月壤。

"嫦娥五号"月壤中的一粒玄武岩碎片的正交偏光显微照片

图片来源：中国科学院地质与地球物理研究所

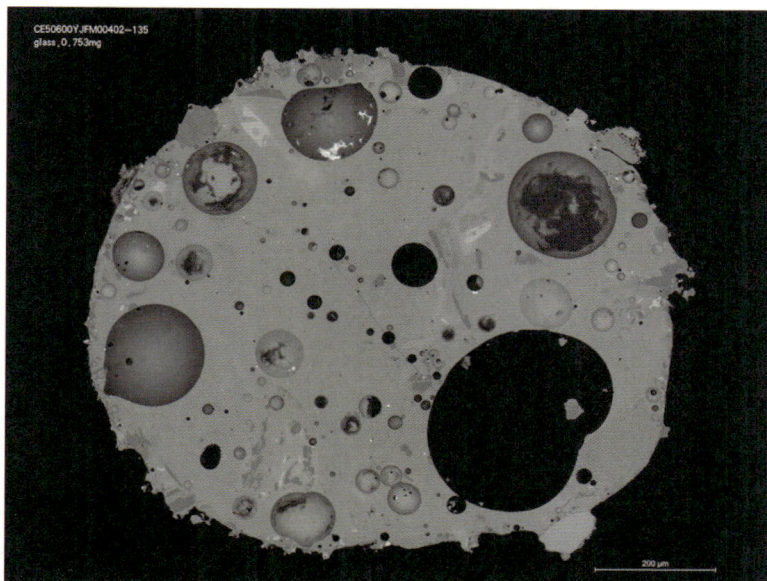

"嫦娥五号"月壤中的一颗玻璃珠的横截面背散射电子图像

图片来源：中国科学院地质与地球物理研究所

　　从"阿波罗任务"到"嫦娥工程"，人们手中的月球图像变得越来越清晰，信息也越来越丰富。"嫦娥一号"为人们带回了当时质量最高的全月球影像图和月球标准基础地图；"嫦娥二号"在其基础上进一步升级，给出了 7 米分辨率的全月球立体影像；2022 年，中国科学家团队完成了世界首幅 1∶250 万月球全月地质图。探月全景相机拍下了月表的详细地形、地貌；可见光、近红外光谱仪揭秘了月表物质的光谱信息和物质成分；探月雷达则探查月表之下，"透视"月球地下浅表结构。这些珍贵的数据帮助人们了解目前月球的状态，追溯月球上曾发生的撞击事件、火山和岩浆活动，还对后续的探测和登陆计划提供了有力指导。

　　月球表面主要由月海和高地组成。月海就是我们肉眼常见的黑色区域，那里面并没有海水，只是干燥开阔的平原。月海基本被深色的玄武岩所覆盖，月表较为年轻。高地比月海地势高，肉眼看是明亮的白色区域，因其表面覆盖的浅色斜长岩反射率较高。高地月表较为年老，形成时间往往早于月海。那些布满月面的大大小小、深浅不一的环形山，每一个都记录着一次"天地大冲撞"，相互叠压的环形山更是月球历史的活档案。

从小到大，你拍过许多照片，不同时期的照片会反映出拍摄时你的年龄。我们想知道月球的过去，也需要这样的物证。那些静静躺在月表、看上去平平无奇的月岩可以帮助我们揭开月球的年龄之谜。各国探测器在月球表面不同的区域登陆，寻找最古老的月岩。其中，阿波罗计划带回的月岩样本是目前记录中最古老的，大约为 45 亿岁，这说明月球至少已经形成 45 亿年了。

　　天体虽无生命但也存在演化进程，科学家往往把一个不再发生大规模岩浆活动的天体判定为"死亡"。当最后一批大规模由月幔熔融形成的岩浆漫溢到月表，并随着时间慢慢冷却固化成玄武岩后，月球变得安静了。人们好奇月球的诞生之时，也想知道月球的"死亡"时间。"嫦娥五号"带着这样的疑问向着月球最年轻的区域进发，科研人员在玄武岩单元找到了目前最年轻的火山岩样本，它的年龄是 20 亿岁。这意味着至少在 20 亿年前月球还

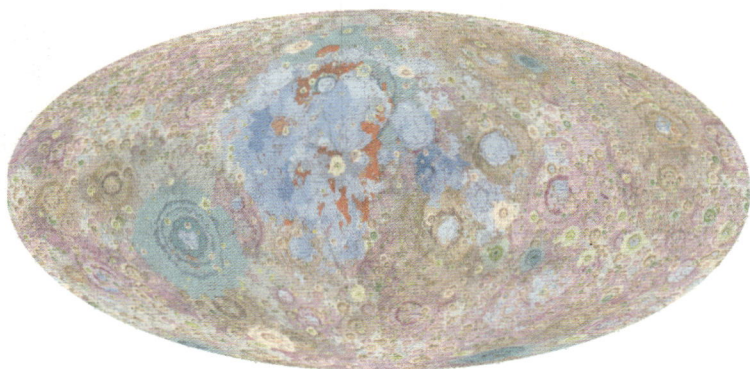

月球 1∶250 万全月地质图缩略图
图片来源：中国科学院地球化学研究所

存在大规模岩浆活动，这比之前科学家估计的月球死亡时间晚了大约 8 亿年。那么，会存在比 20 亿年前更新的岩浆活动吗？人们现在还不知道答案，只有继续探月才能明了。

嫦娥石

在"嫦娥五号"带回的月壤中，中国的科研人员发现了一种全新的矿物——嫦娥石。它的英文名为 Changesite-(Y)，其中"change"为嫦娥的汉语拼音，"s"既是中文"石"拼音的首字母也是英文"stone"的首字母。嫦娥石名字里的小巧思透露出科研人员对中国探月和航天事业的深情。嫦娥石是人类在月球上发现的第六种新矿物，我国也由此成为继美国和苏联后第三个在月球上发现新矿物的国家。

嫦娥石是一种新的磷酸盐矿物，属于陨磷钠镁钙石族，呈柱状晶体，被发现于月球玄武岩碎屑颗粒中。北京地质研究院的研究人员从 14 万个样品颗粒中分离出了一颗不到头发丝直径十分之一大小的单晶颗粒，并解译出了它的晶体结构。经过详尽的矿物学研究后，他们向国际矿物学协会新矿物命名及分类委员会提交报告，最终确证嫦娥石为一种新矿物。对嫦娥石进行形成条件等方面的深入研究，将增进人们对月球岩浆演化历史的认识。

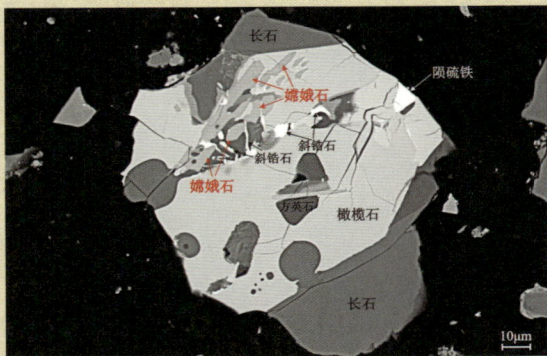

嫦娥石和共生矿物扫描电镜照片
图片来源：国家航天局

月球上的土有什么不一样？

月球上的土形式多样。有轻飘飘的月尘会因为带着静电而黏附在宇航服外与宇航员一起进入登陆舱，还会覆盖在探测仪器表面影响任务的开展，甚至还会因为它极小而尖利的截面对轴承和齿轮等造成损害；有看起来松散干燥、遍布月表的灰黑色月壤，它会记录下宇航员在月面上走过的每一步；还有大小不一、形状各异的月岩，因为形成原因及条件与月壤不同，所以拥有了与月壤有所区别的物质组成。

因为月球上没有动植物也没有生命活动，所以月壤与地球土壤的形成过程天差地别。月壤的形成主要受三种机制影响：一是月表近300摄氏度的昼夜温差使月表岩石热胀冷缩后发生自然碎裂；二是陨石和微陨石对月壤的直接碰撞；三是太阳风和宇宙射线对月壤的常年轰击。

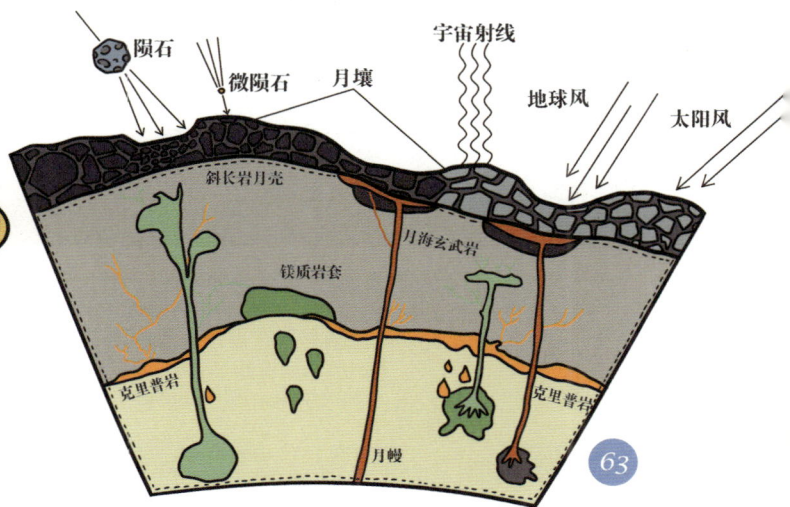

除了温差，还有哪些因素影响了月壤的形成呢？

请看右图 →

陨石

微陨石　月壤

宇宙射线

地球风

太阳风

斜长岩月壳

镁质岩套

月海玄武岩

克里普岩

克里普岩

月幔

63

探月早期，人们使用光学、红外等多波段探测技术对月表进行远距离观测，而今天的科技水平允许科学家使用更加积极主动的探月方式——采样。中国地质大学的科研人员从"嫦娥五号"带回来的"土特产"中准确地测定了 48 种主量和微量元素含量。研究表明，"嫦娥五号"样品可以代表着陆区域内玄武岩的平均化学成分。而且，与美国和苏联带回的月球样品相比，"嫦娥五号"样品在化学成分上体现出了富铁、中钛、富钍的特征。2024 年 6 月 28 日，"嫦娥六号"的月球样品接收活动在中国科学院国家天文台举行，中国对月壤的研究将大步前行。

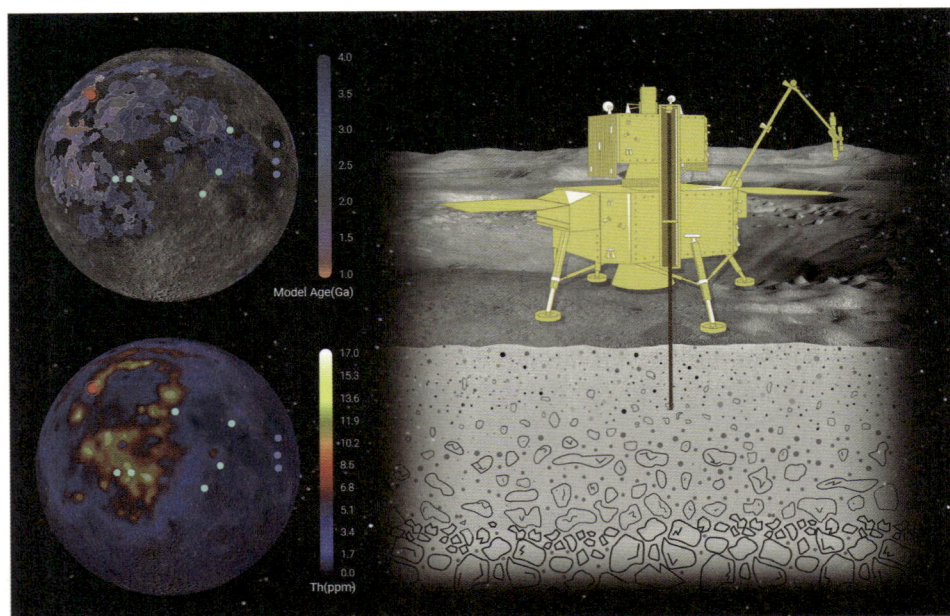

左图为月球正面月海玄武岩模式年龄与放射性元素钍（Th）含量的分布，红色点为"嫦娥五号"着陆点位置，青绿色点为阿波罗任务着陆点，蓝色点为"月球号"着陆点。
右图为"嫦娥五号"在月球表面的岩芯钻取和表壤抓取示意图
图片来源：杨蔚等，New Lunar Samples Returned by Change-5: Opportunities for New Discoveries and International Collaboration

窥探月球——来自月球的土壤

月壤指的不仅仅是月球上的土壤，还包括卧于或埋于粉状风化物中的直径数米的岩石。现在科学家对采集的月球样品进行分类，依据的是当时处理"阿波罗号"带回月球样品所采用的分类方法。其中直径大于1厘米的颗粒，被当作岩石样品来进行研究，称为月岩；直径小于1厘米的颗粒，被当作土壤样品对待，习惯上称为月壤。其中，颗粒直径小于1毫米的部分，是月壤的主要组成部分，在大部分月壤样品中占总重量的90%以上。

"窥探月球——来自月球的土壤"展品（位于中国科技馆主展厅四层"挑战与未来"A厅）为大家揭开了月壤的神秘面纱。站在球形月壤容器前，可用肉眼观看模拟月壤，也可以操作摇杆左右滑动调节电子显微镜，在显示器上观察不同位置的月壤特征。月壤是人们了解月壳岩石圈的组成和分布特征，以及研究月球乃至地月系演化历史的绝佳样本。它存在于月球表层，因遭受微陨石和小行星撞击，所以含有撞击历史的信息。月壤是从月

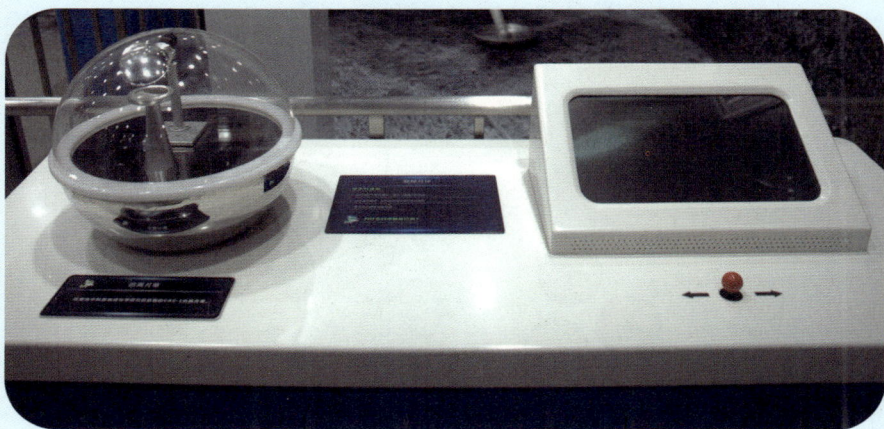

球固体岩石圈到太阳系空间的过渡带，暴露于宇宙射线和太阳风中，包含太阳系的空间物质和能量信息，还可以为了解太阳活动历史等提供必要的信息。

月壤也是研究月球资源的重要载体。月壤中含有氦-3、钛铁矿、克里普岩等潜在资源，可为月球资源开发利用、月球基地选址等提供重要的科学依据。如氦-3是世界上公认的高效、清洁、安全的核聚变发电燃料。据计算，100吨氦-3所能产生的能量，相当于全世界一年消耗的能源总量。氦-3在地球上的蕴藏量极少，全球已知且容易取用的只有500千克左右。而前期"嫦娥工程"探明，月壤中的氦-3储量达上百万吨，能满足人类约1万年的能源需求。实际上，随着人类对月球探索的深入，科学家预测月球上氦-3的总储量可能更多。

氦-3

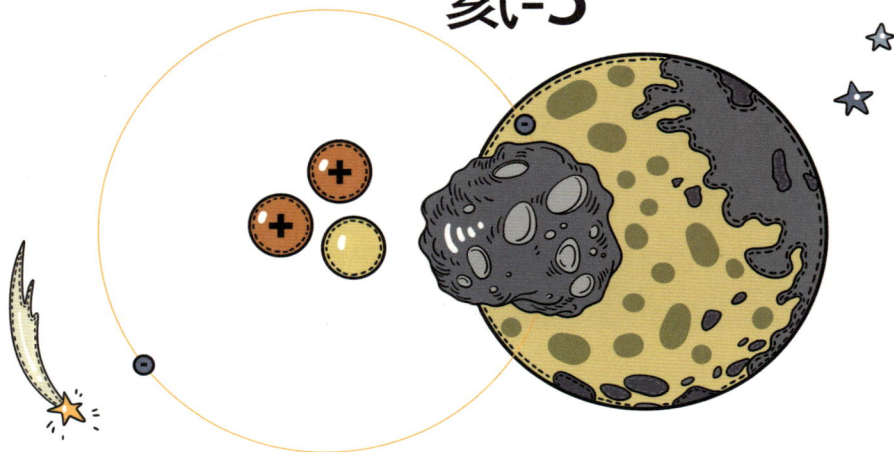

月壤能用来种菜吗？

作为中国人，对于种地有着别样的情怀。在月球上，科研人员也一定要试试！科研人员先是将水稻、大麦等植物的种子带到太空，在深空环境下进行航天育种试验，然后又在月面进行生物试验，并且在生物科普试验载荷里观察到了棉花和油菜种子发芽的现象！当然，科研人员也把月壤带回地球，继续在地球上培育"月壤"作物。

可惜的是，与地球土壤不同，因为没有生物的参与，月壤不含有机质，极度干燥，不利于植物生长，而且月表不同区域的月壤成分不同，对植物生长产生的影响差异也很大。想要实现用月壤或者在月球大规模种地，还需要很长一段时间的探索和尝试。

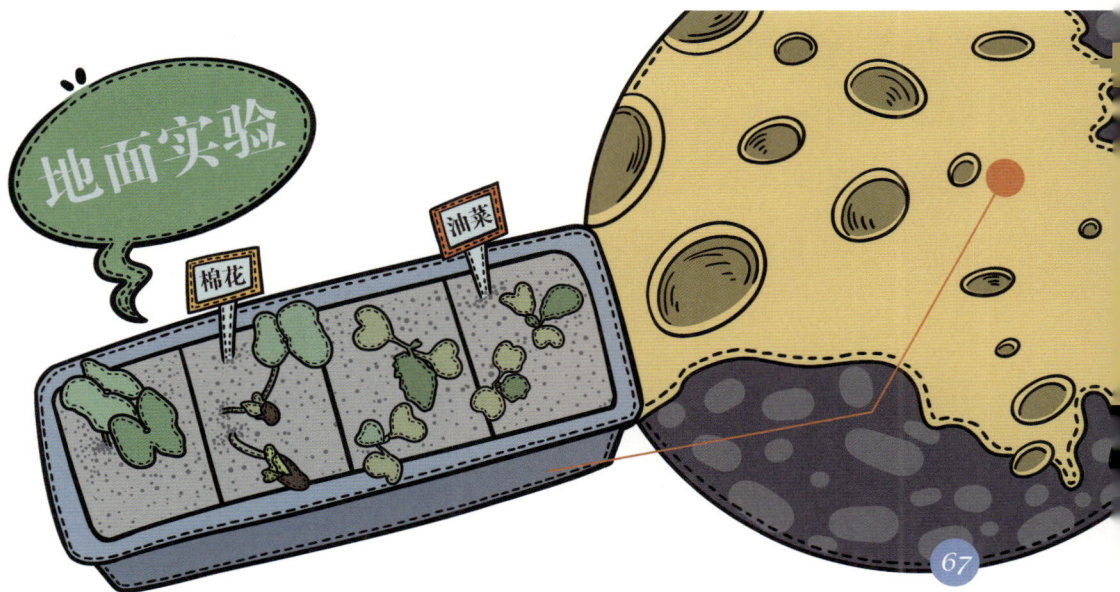

地面实验

棉花

油菜

67

月球上究竟有没有水？

水资源一直是人类探索地外世界时最为关注的资源之一。早期在"阿波罗任务"带回的月壤样品中，科学家并没有发现水的踪影，所以认为月球很"干"。随着雷达技术和光谱探测技术不断发展，人们渐渐在月球上发现了"水"的蛛丝马迹。美国的"月球勘探者号"（Lunar Prospector）发现了在月球极区有大量的氢分布，印度的"月船一号"搭载了月球矿物绘图光谱仪，在月球上找到了水，并且发现纬度越高水含量也越高。"嫦娥五号"的最新研究显示，1吨月壤中约含有120克的水，这是我们首次获得月表原位条件下的水含量。

不过这里提到的"水"并不是地球上常见的可饮用液态水，严格来说，它以羟基形式分散地存在于月壤的矿物晶体中。由于羟基很容易变成水，因此科学家就把它看作是水了。那么这些水主要来自哪里呢？科学家认为，太阳风携带着大量的氢，这些氢在撞向月表后与月壤中的氧结合，形成了羟基或水分子。这些太阳风成因水虽然目前还不能被人们直接使用，但起码证明了月球上不仅有水，而且还比之前预估的要多得多。另外，研究发现月岩里也有水，而且比月壤里还多，1吨月岩中大约有180克水。研究人员认为岩石中的水既有太阳风的贡献，也有来自月球内部水的支持。除此之外，彗星撞击也是月球水的来源之一。

  相较于"阿波罗任务"的低纬度采样区，"嫦娥五号"的采样区位于中纬度地区，不同纬度地区的月壤样品可以让人们对月球上水的分布有更为全面的了解。未来将要发射的"嫦娥七号"也将继续发力，努力给出月表水随时间、纬度等变化的更多数据。这些探索都会为今后的月球水资源探索奠定重要基础。

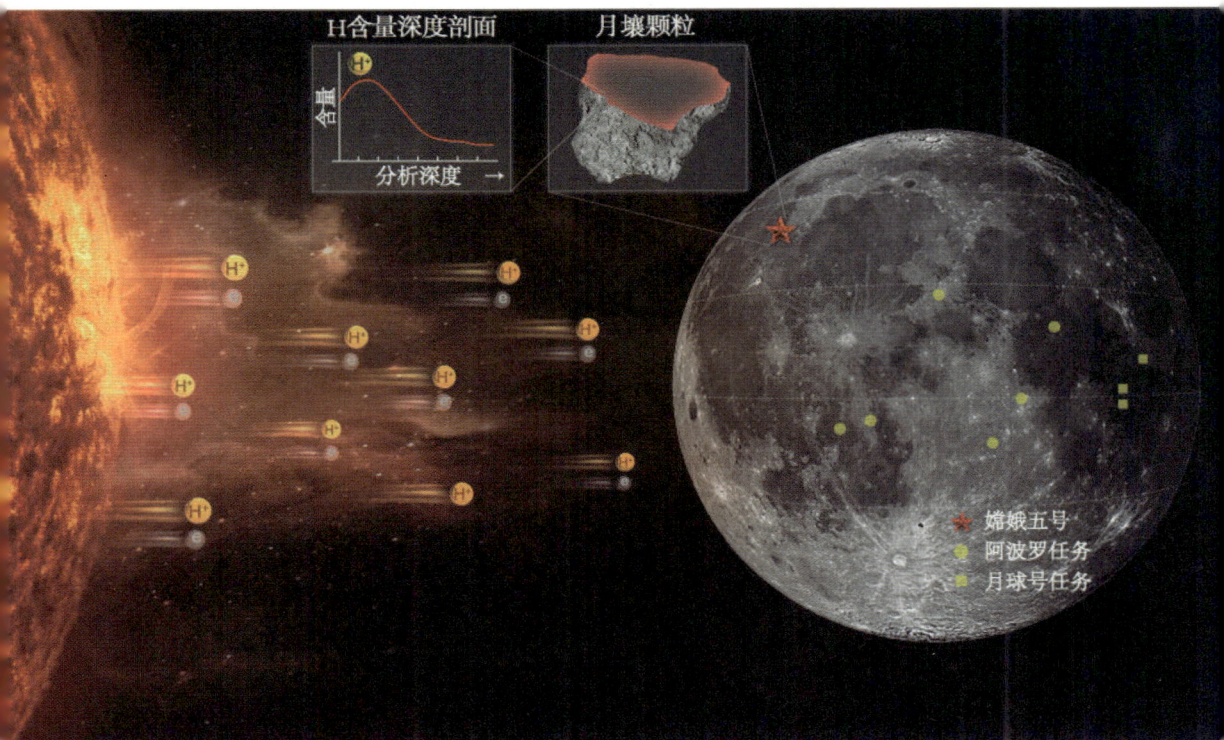

来自太阳表面的高速氢离子注入月球表面并富集在月壤颗粒表层

图片来源：新华社，中国科学院地质与地球物理研究所

完美的未来能源——氦-3

月球上除了水资源和土地资源外，各种潜在的能源、燃料也是人们关注的重点。

氦-3就是一种潜在的核聚变燃料，它来自太阳的热核反应，随着太阳风进入宇宙空间。地球的大气层和磁场就像防盗门阻止了氦-3的进入，所以地球上的氦-3储量很低，根本不具备大规模转化使用的可能性。但令人惊喜的是，几乎没有大气层且没有磁场的月球非常"好客"，氦-3纷纷在月球"落户"并混进了月壤内，随着时间的积累，月球上的氦-3越来越多。

通过对月表物质成分的检测分析，科学家首先确定了月球上存在丰富的氦-3。随着对月壤中氦-3提取和化验工作的开展，人们进一步确认了未来对这种优良资源进行勘探和开采的可能性。科学家认为这种完美的清洁能源将为地球明天的发展提供强大助力。

氦-3与氘的反应

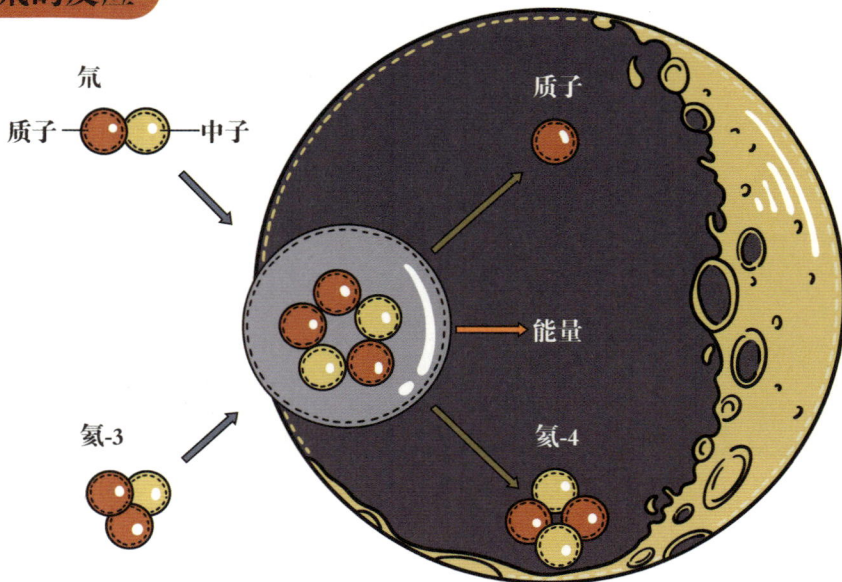

氘

质子 — 中子

质子

能量

氦-3

氦-4

中国的探火工程

在顺利完成"嫦娥奔月"探月工程"三步走"计划后,中国的科学家开始规划火星探测。更远的空间距离、更长的信息传输延时、更严重的信号衰减和全新的星球环境都让探火比探月更具挑战性。2016年1月,中国火星探测任务正式立项。与探月"三步走"的规划不同,这次中国科学家计划"一步到位"——通过一次发射完成"绕、着、巡"三大目标。

1960年苏联发射了人类第一个火星探测器。在这之后的65年里,共有47次关于火星的探测任务被实施,但成功的还不到一半,仅22次顺利完成。面对如此艰巨的任务,中国航天人凭借积累的丰富经验与教训,经过多年全力以赴的研发试验,终于让这极具挑战性的"祝融探火"梦想成真了!

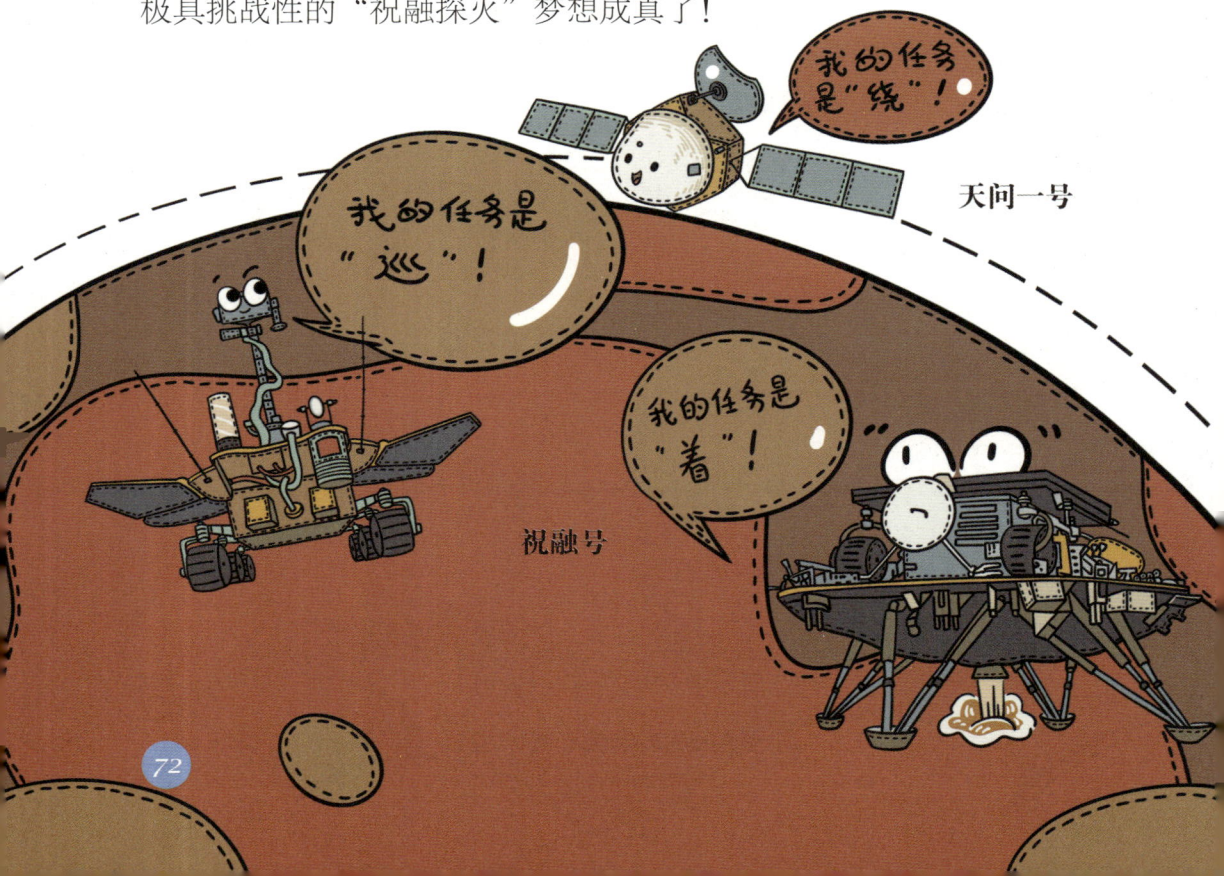

我的任务是"绕"!

天问一号

我的任务是"巡"!

我的任务是"着"!

祝融号

如何飞向那颗红色星球？

2020 年 7 月 23 日 13 点 17 分，长征五号遥四运载火箭搭载"天问一号"从海南文昌航天发射场顺利升空。这也是长征五号（俗称胖五）首次执行应用性发射任务。

鉴于这次要完成绕、着、巡三步任务，"天问一号"探测器由着陆巡视器和环绕器构成，其中着陆巡视器包括进入舱和火星车。"天问一号"的环绕器质量约 1200 千克，着陆巡视器质量约 1300 千克，携带的推进剂约 2500 千克。与 2018 年发射的"嫦娥四号"相比，"天问一号"的总质量是前者的 1.25 倍。

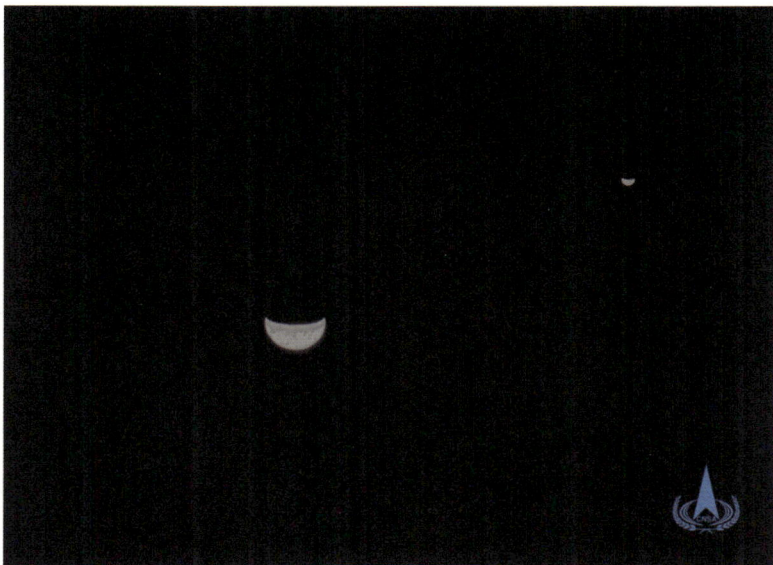

2020 年 7 月 27 日"天问一号"探测器利用光学导航敏感器拍摄的地月合影
图片来源：国家航天局

光从地球出发到月球只需 1 秒多，但到火星却需要十几分钟，可见火星比月球离地球远太多了，火星之旅必定更加漫长，而且也更加复杂。宇宙中所有天体都处于运动之中，火星和地球之间的距离也在一直变化。地球的公转轨道较圆，火星公转轨道却偏椭圆，所以地火之间距离变化较大，两者的最远距离甚至能达到最近距离的 7 倍。面对忽近忽远的目的地，我们应该在距离火星最近的时候出发吗？不行。一方面，我们需要预留一点提前量，如果在最近处发射，那么等探测器赶到指定位置时火星早已远去；另一方面，最短路径并不是最"省油"的方案，我们需要考虑现阶段的实际运载能力。

从"省油"的角度来看，探测器应该怎样飞向火星呢？地球和火星不在一条直线上运动，它们都围绕太阳沿着各自轨道公转，而且内圈的地球还要跑得更快一些。它们就像在赛车场上你追我赶的赛车，探测器要找准机会从内环行驶得更快的"地球号赛车"上蹦到外环的"火星号赛车"上，它要在地球与火星高速运动的过程中完成动态移动。因此，我们要考虑地球和火星未来的运动轨迹，在火星超前地球大约 44 度时让探测器提前启航，然后准确无误地跑到火星身旁。探测器走过的这条"最省油"椭圆轨道被称为霍曼转移轨道。每 26 个月，地 - 日 - 火就会处于 44 度夹角的位置关系，这是从地球向火星发射探测器的最佳时机，也被称为"火星发射窗口"。

到达时地球的位置

发射时地球的位置

太阳

44°

136°

到达时火星的位置

发射时火星的位置

霍曼转移轨道

共耗时295天

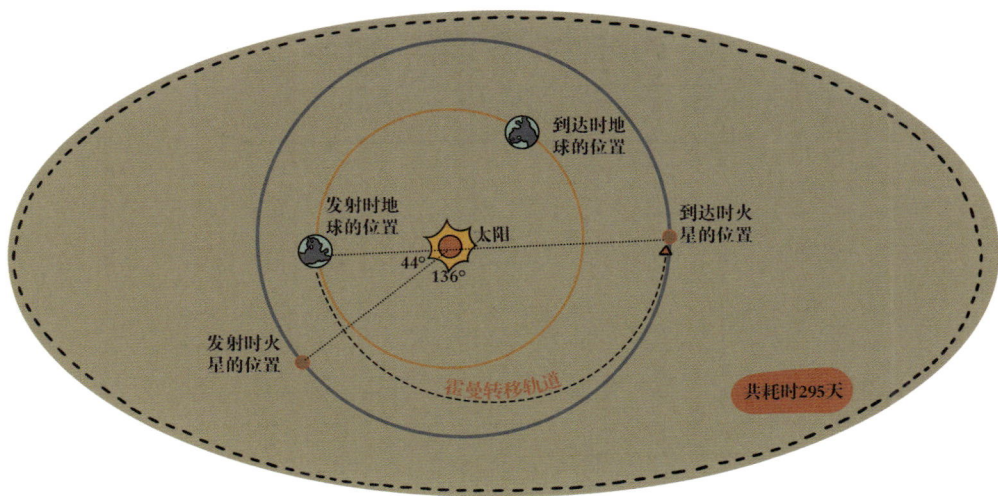

当"天问一号"来到火星身边

"天问一号"历时7个月完成了地火转移，并在2021年2月4日为我们传回了首张它拍摄的火星黑白照片。但想要顺利完成接下来的"绕"任务，首先要"刹车"减速，否则就会与火星擦肩而过。在精准地完成了制动捕获后，"天问一号"于2月10日顺利进入环火轨道，成为中国的首颗火星人造卫星。

接着，"天问一号"需要调整轨道，让自己能以更近、更好的角度观察火星；然后，它要针对重点区域拍摄高清照片，提前考察着陆区的地形情况；最后，它还要关注天气情况，收集火星表面的气温、气压、风速、光照等信息。"天问一号"需要这些重要的数据来避开火星上的沙尘暴，确保登陆后通信不会受地势遮挡，并且有足够的阳光支持后续供能，进而保证登陆工作的顺利开展。

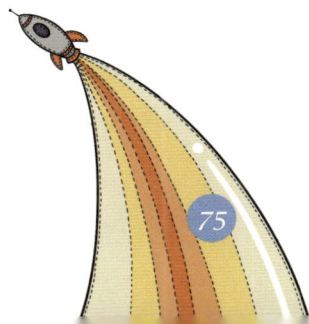

在 "天问一号" 围着火星绕转了 3 个月后，它终于要降落了！2021 年 5 月 15 日， "天问一号" 首先从停泊轨道进行降轨，然后着陆巡视器和环绕器两者分离。环绕器在分离后通过升轨回到安全的停泊轨道，继续为地球与着陆巡视器提供中继通信服务。

着陆巡视器孤身勇闯火星大气层。首先，它利用火星大气进行气动减速，空气阻力会把近 5000 米每秒的高速降到 500 米每秒。然后，它打开降落伞，使速度进一步降至大约 100 米每秒。接下来，它利用反推发动机进行动力减速。 "天问一号" 的着陆点并非早就定死，在距离火星地表大约 100 米时，它将保持悬停状态进行精避障。通过判断下方具体地形是否适合着陆并小幅度调整位置后， "天问一号" 最终依靠四条腿作为缓冲，安全降落到了火星。这大约 9 分钟的着陆过程实在惊险，由于地火距离遥远，信号传输存在大约 20 分钟的延迟，所以 "天问一号" 是靠自己完成了高速 "刹车" 和安全 "停车" 。

终于，中国的火星车 "祝融号" 驶上了这片红色土地。 "祝融号" 基于 "七天一周期，一天一规划，每天有探测" 的模式开展巡视探测。面对火星上遍布的锋利石块和难行的沙地， "祝融号"

能灵活调整底盘小心前行；面对席卷而来的沙尘暴，科学家受到荷叶抖落雨滴的启发，为"祝融号"特制了不易"沾灰"的太阳能电池板。截至 2021 年 8 月 15 日，"祝融号"顺利完成了 90 个火星日的既定探测任务。

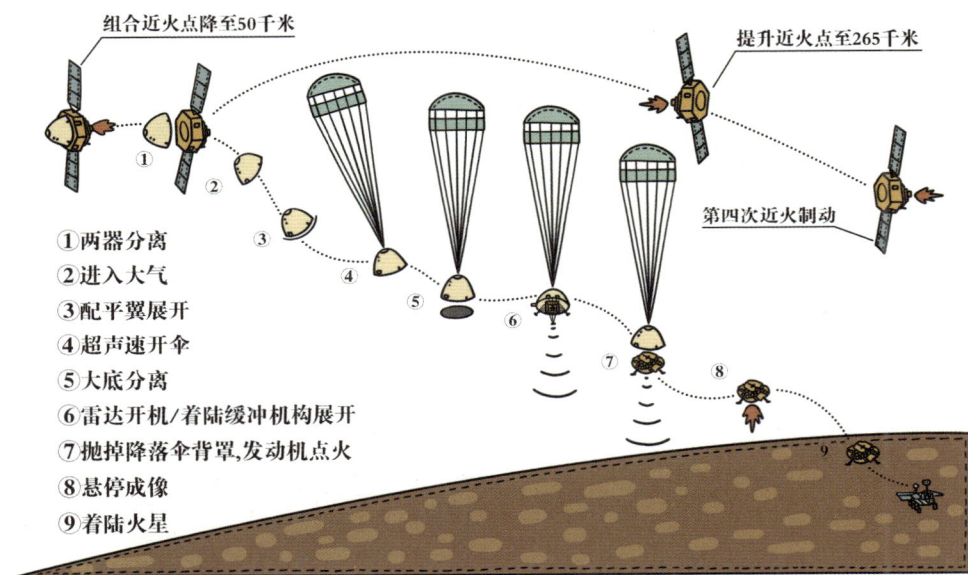

组合近火点降至50千米

提升近火点至265千米

第四次近火制动

①两器分离
②进入大气
③配平翼展开
④超声速开伞
⑤大底分离
⑥雷达开机/着陆缓冲机构展开
⑦抛掉降落伞背罩,发动机点火
⑧悬停成像
⑨着陆火星

"祝融号"火星车与着陆器合影
图片来源：国家航天局

"祝融号"给火星"盖章"

　　大家前往博物馆都喜欢盖章留念，"祝融号"也在火星上玩起了"盖章"。看到"祝融号"在火星上行驶印记照片的细心读者会发现，车辙里依稀有"中"字形状。这是因为"祝融号"的设计者提前在车轮上刻了"彩蛋"。"祝融号"在火星上一圈圈巡视的同时，会留下无数个中国的"中"字。这既是设计者的小巧思，也是工程师们判断"祝融号"在火星表面行驶状态的检验手段。通过相邻两个"中"字之间的距离，工程师就能判断"祝融号"是否发生了打滑，同时也能间接了解"祝融号"所在位置火星地表的软硬程度等信息。

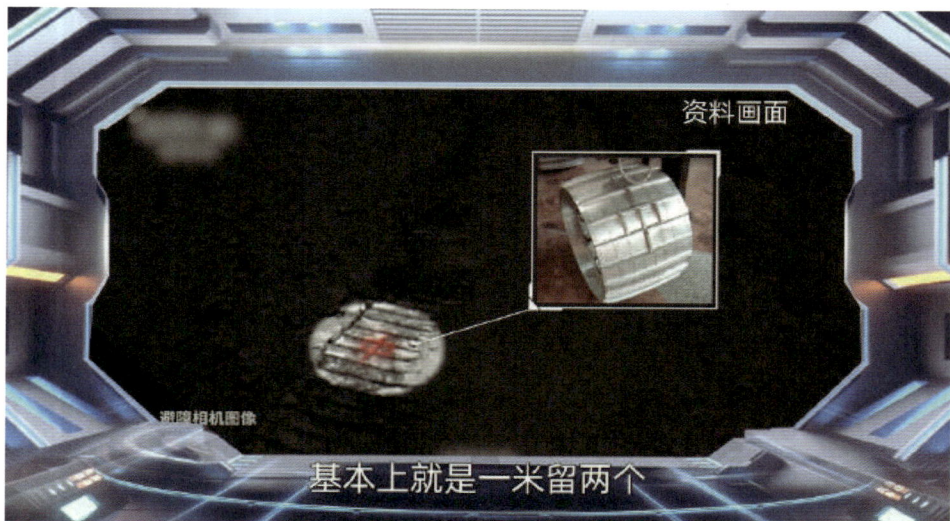

"祝融号"车辙中的"中"字
图片来源：央视新闻

"天问一号" 带了哪些 "神器"？

"天问一号"的环绕器配备了7个科学载荷，分别为中分辨率相机、高分辨率相机、环绕器次表层探测雷达、火星矿物光谱仪、火星磁强计、火星离子与中性粒子分析仪，以及火星能量粒子分析仪。

在与着陆巡视器分离后，环绕器开始围着火星绕转。环绕器不仅对火星开展全球范围的综合性探测考察，而且还充当起了"鹊桥"的角色，为地球与"祝融号"搭起信号传输的桥梁。

环绕器的任务目标覆盖范围极广，上至行星际环境和火星大气的电离层，下至火星地表及地下的水冰，宏观至火星地形地貌及其变化，微观至火星表面物质成分及土壤类型等。

"天问一号"的着陆巡视器配备了6个科学载荷，分别为火星表面成分探测仪、多光谱相机、地形相机、火星车次表层探测雷达、火星表面磁场探测仪和火星气象测量仪。

着陆巡视器的进入舱负责在火星进入、下降和着陆动作，火星车则在成功着陆后继续进行巡视探测。它的任务清单很长，既要探测巡视区的大气物理特征和表面环境，又要勘察地形、地貌、地质构造和矿物、岩石，还要探查土壤结构和水冰分布。

通过空间与地面探测器的合作，科学家既能获得火星全球性的整体概览，也能拿到重点区域的高精度、高分辨率数据。这让科学家对火星的大气环境、地质结构、地形地貌、土壤、水冰和物理场的分布都有了更深的了解和认识。

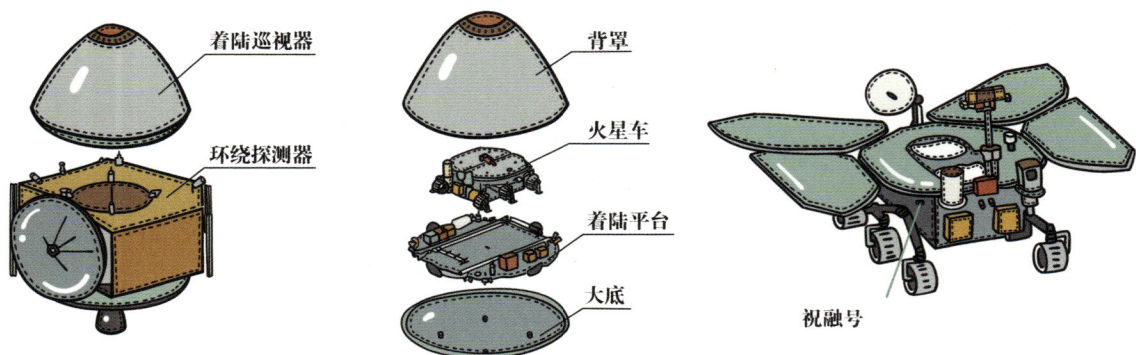

着陆巡视器

环绕探测器

背罩

火星车

着陆平台

大底

祝融号

"天问一号"任务的六个"首次"

2021年6月，国家航天局举办了我国首次火星探测任务的新闻发布会。国家航天局新闻发言人许洪亮总结道："在我国航天发展史上，天问一号任务实现了六个首次，一是首次实现地火转移轨道探测器发射；二是首次实现行星际飞行；三是首次实现地外行星软着陆；四是首次实现地外行星表面巡视探测；五是首次实现4亿公里距离的测控通信；六是首次获取第一手的火星科学数据。在世界航天史上，天问一号不仅在火星上首次留下中国人的印迹，而且首次成功实现了通过一次任务完成火星环绕、着陆和巡视三大目标，充分展现了中国航天人的智慧，标志着我国在行星探测领域跨入世界先进行列。"

"天问一号"出征合影
图片来源：中国航天科技集团

天问一号

　　橘红色的火星在人类眼中充满了神秘的色彩。这颗直径约为地球一半、质量约为地球 1/10 的类地星球，表面遍布沙丘、砾石，没有稳定的液态水体，大气中的二氧化碳占比高达 95%，大气压力不到地球平均大气压的 1%，沙尘悬浮其中，常有席卷全火星的尘暴发生，然而这并不能阻挡人类探索它的热情。过去的几十年里，苏联、美国以及欧洲部分国家纷纷向火星发射探测器。虽然失败多于成功，但承载着人类梦想的"火星使者"仍然前仆后继地奔向火星。2020 年，由我国自主研制的火星探测器"天问一号"，搭载着无数中国人的梦想开启了火星探索之旅。

　　"天问一号"展品（位于中国科技馆主展厅四层"挑战与未来"A 厅）

展示了"天问一号"探测器 1∶1 仿真模型，由着陆巡视器和环绕探测器组成。其中位于左边展示位置的就是"天问一号"的巡视器，也就是我们常说的"祝融号"火星车。可以在操作台触摸屏上选择播放"探火工程""奔火之旅""解密天问一号"等影片，进一步了解火星探测以及"天问一号"的相关信息。

　　2021 年 5 月 15 日，"天问一号"探测器着陆火星乌托邦平原南部预选着陆区，我国首次火星探测任务着陆火星成功，标志着我国迈出了星际探测征程的重要一步，实现了从地月系到行星际的跨越，在火星上首次留下了中国人的印迹。落"火"一周后，2021 年 5 月 22 日，在技术人员的远程遥控操作下，"祝融号"火星车驶下着陆平台，开启对火星表面形貌、土壤特性、物质成分、水冰、大气、电离层、磁场等的科学探测，实现了中国在深空探测领域的技术跨越。2021 年 6 月 11 日，"天问一号"探测器着陆火星首批科学影像图公布，中国首次火星探测任务取得圆满成功。

　　未来，我国的深空探测必将走得更远、更深，也必将推动空间科学、空间技术、空间应用的全面发展，为服务国家发展大局和增进人类福祉做出更大贡献。

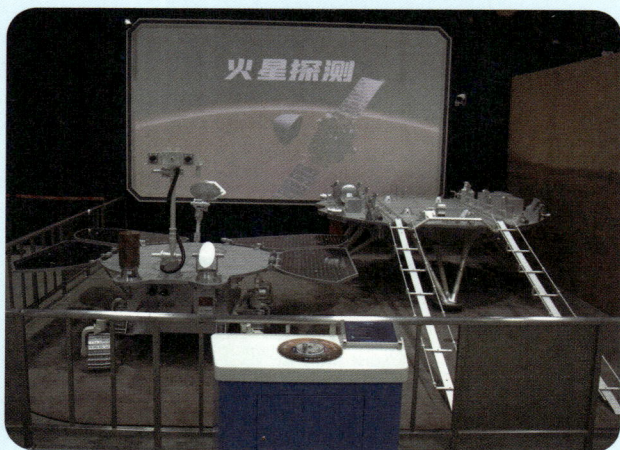

火星有什么特别之处？

当我们抬头仰望夜空，有时能看见一个明亮的橙红色亮点，那就是火星。作为地球的邻居，火星这颗红色星球以五行之一命名，从古至今一直令人神往。

火星的赤道直径大约 6780 千米，只有地球的一半大。虽然是类地行星，但它的平均物质密度比地球要小得多，质量仅为地球的十分之一。在其薄薄的岩质地壳之下是硅酸盐岩石地幔，中心很可能是一个小型固态铁核。这个早已冷却的行星不仅表面重力仅有地球表面重力的三分之一，而且还没有全球性磁场。这意味着我们在火星上既无法看见美丽的极光，也没法像在地球上一样受到磁场的全面保护。看来，要想在火星上生存可没那么容易。

是谁开凿了火星"运河"？

19世纪末，意大利天文学家乔万尼·夏帕雷利借助望远镜观察到了火星表面分布的一些暗带结构。他在绘制火星地图时将它们标注为"canali"（意大利语，意为沟渠、水道），没想到这个词语之后却被误译成了英语"canals"（意为运河）。那些明暗相交网络状的轮廓本来就容易让人浮想联翩，"运河"这个名字更充满了人文气息。因此美国业余天文学家帕西瓦尔·罗威尔认为那些"运河"是火星上的智慧生命挖掘出来的，主要用于火星地表灌溉，这一想法在公众中引发了极大反响。虽然不少天文学家对此持反对态度，但火星文明这个话题实在太诱人了，多年之后关于这个话题的小说、电影仍层出不穷。

随着望远镜口径的加大和分辨率的提升，火星"运河"的面纱逐渐被揭开。红色的火星与战争、火焰、鲜血毫无关系，仅仅是因为地表氧化铁（铁锈）的作用，当这些红色的物质扩散到空气中时就形成了红色的火星外观。火星上也根本就没有火星人，那些"运河"是火星地表自然形成的沟壑、峡谷等地貌。当年较弱的天文观测水平加之光学错觉，让人"脑补"出了关于火星运河的绮丽幻想。

不过，关于火星运河和火星生命的各种讨论、小说、电影其实也并非完全没有意义，人们在此过程中展开了对全新生命形式和未来高级科技的狂想，激励着科学和技术不断前行。火星更像一面镜子，让地球人得以换个角度重新审视自身，我们由此重新思考个体与社会、科技与生命相关的各种社会学、伦理学议题，进而反思地球上的我们应该如何继续明天的生活。

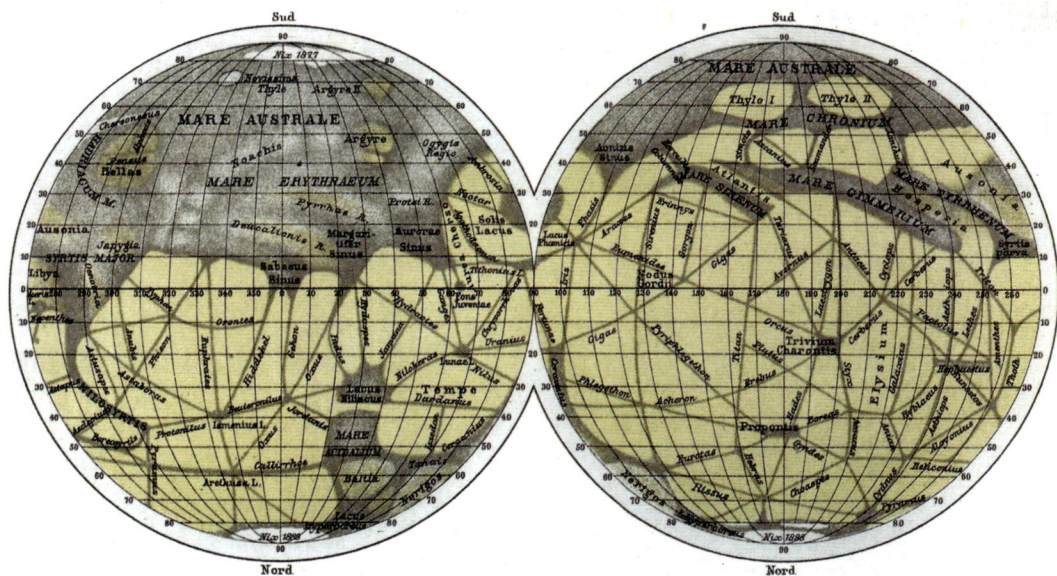

乔万尼·夏帕雷利于 1888 年绘制的火星地图

别小看我！我的高度可是珠峰的三倍多！！

在火星表面，有辽阔的平原和形态各异的沙丘，更有太阳系里最高的山和最大的峡谷。

作为直径仅有地球一半的行星，火星却拥有3倍珠穆朗玛峰那么高的奥林波斯山，这也是整个太阳系中最高的山峰。虽然奥林波斯山很高，但它一点都不陡峭，这与其成因密切相关。它是一座盾形火山，是由火山口中心的岩浆不断喷涌外溢后长期塑造出的地貌，其坡度仅5度左右。这么高的山，坡度却很小，凭借你的数学知识你能猜到什么吗？对啦，这座山的"底盘"非常大，它的底部面积有3个江苏省的面积那么大。我们的地球要比火星大，为什么没有形成这么高的山呢？一方面是因为火星地壳更为稳定，不像地球有活跃的板块活动，所以火山可以长期稳定存在，时间一长，自然越"堆"越高；另一方面是因为火星上的重力比地球上的小得多，所以山体物质也更不容易因受到重力作用而发生坍塌。火星本身的特性促使其"孕育"出了太阳系第一峰。

奥林波斯山

奥林波斯山
图片来源：ESA，MOLA

　　太阳系里最大的峡谷名叫水手号峡谷群，位于火星南半球，这个绵延 4000 多千米的大型峡谷群仿佛是火星上的一道刀疤，非常显眼。这个峡谷不仅长，而且裂口很宽，最宽的地方约 300 千米，相当于从北京到石家庄的直线距离。峡谷最深处能达 7 千米，接近 15 个东方明珠塔那么高。1972 年，美国国家航天航空局的"水手 9 号"发现了这条极其壮观的火星大"裂痕"，水手号峡谷群的命名也是为了纪念这个探测器。后续的观测和研究显示，这个地貌可能与火星地壳拉伸形成的断裂带有关。虽然这个大峡谷表面干涸，目前没有液态水在流动，但其复杂的成因以及地下是否存在水仍旧是天文学家试图破解的谜题。

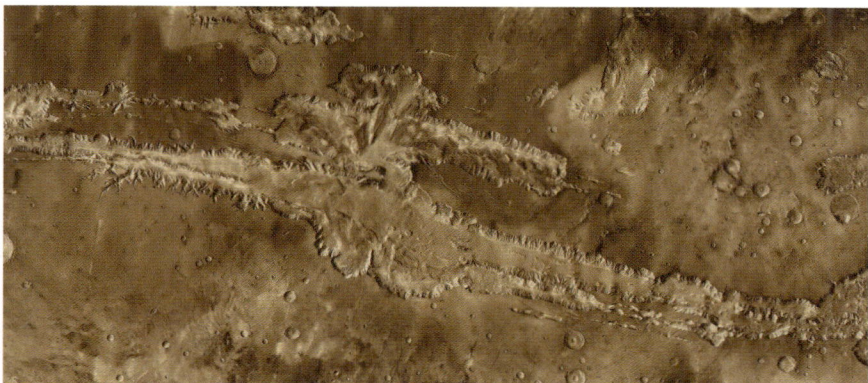

水手号峡谷群
图片来源：NASA/JPL−Caltech/Arizona State University

火星身边的两颗"土豆"将有不同的未来?

　　火星与地球很像，也有自己的追随者——火卫一和火卫二。1877年，人们首次发现了这两颗小卫星。天文学家认为它们可能是被火星引力俘获的小行星或者是太阳系早期形成时遗留下的碎片，由于质量太小甚至没能形成球形，外观上看就像不规则的土豆。火卫一的长轴不到30千米，差不多就是北京市中心到首都国际机场的直线距离；火卫二更小，直径大约14千米，也就是从北京市中心到国家体育场鸟巢的距离。虽然火星拥有太阳系最高的山和最大的峡谷，但卫星却非常袖珍。

　　这两个小土豆的未来也全然不同。火卫一距离火星非常近，是太阳系中距离行星最近的卫星，大约每8小时围绕火星公转一圈。这个表面坑坑洼洼的卫星受到火星强大的引力作用，预计会在5000万年后撞向火星或被撕裂为环结构。火卫二距离火星远一些，大约每30小时围绕火星公转一圈。火卫二表面有着松散的尘土物质，掩盖了陨石坑，使其显得较为平缓。现有的观测表明，火卫二正在慢慢远离火星，终有一天它将离开现有轨道。另外，从火星上看，这两颗卫星的运动也很有意思。火卫二与月球相似，东升西落围着火星运动，而火卫一却匆匆忙忙地西升东落。

火卫一
图片来源：NASA

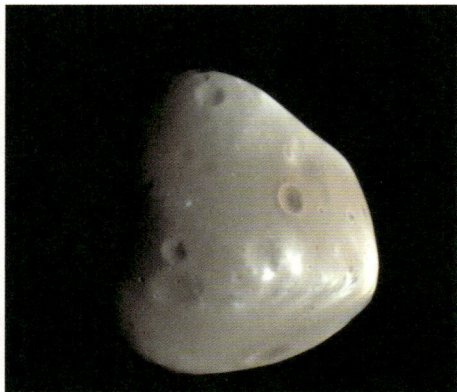

火卫二
图片来源：NASA

火星与地球有哪些相似之处?

作为地球的邻居，火星与地球有许多共性。

首先，它们是拥有相似地质结构的行星，均具有地壳、地幔和地核，物质化学成分也很接近。它们的外观都呈球形，虽然两极稍微被压扁了一些，但用肉眼并不易发现。

其次，它们的运动模式也极为相似，这导致火星与地球有着相似的"时钟"。地球大约每24小时自转一周，而火星大约每24.6小时自转一圈，可见火星上的"一天"与地球上的一天相差不大。火星也和地球一样是斜着自转的，地球的自转轴倾斜角约23.5度（即黄赤交角），火星的自转轴倾斜角约为25度。这意味着太阳在不同的时间段内会来回直射星球的南、北半球，于是火星上和地球上一样有了四季变换。只是因为火星距离太阳更远，公转周期更长，火星一年相当于 687 个地球日，所以火星的每个季节的时间也会比地球上的季节时间更长。总体来说，火星有着与地球相似的昼夜变化及四季轮替。

再次，两者的地表都分布着平原、高山和峡谷等丰富多样的地形地貌。

● 冰盖。在火星的两极地区分布着极冠。这些主要由水冰和干冰构成的冰盖一直存在，但会随着火星上的四季变化而出现面积增减。

● 峡谷。著名的水手号峡谷群仿佛就是地球上峡谷的放大版。早期科学家认为是火星地表的水流冲蚀形成了峡谷地貌，但随着研究数据的丰富，现在的科学家更倾向于认为它是板块运动造成的断裂，这与地球上东非大裂谷的成因非常相似。

● 火山。火星上分布着不少火山，它们是由地幔中直接涌出的岩浆形成的热点火山，地球上的夏威夷岛链就是因热点火山的喷发形成的。

● 沙丘。火星上的沙尘暴频繁，大风与浮土的组合塑造出了形态各异的沙丘。而且随着经年累月的尘土吹拂，许多环形山也被掩盖了。

● 河流和三角洲。虽然火星运河并不存在，但火星上的确存在干涸的河道、不同类型的沉积物以及由此形成的三角洲。根据目前的观测数据推测，火星地表早期曾有大规模洪水肆虐，是这些不稳定的水流塑造出了火星上类似地球河床的地貌。

火星上的三角洲地貌
图片来源：NASA/JPL−Caltech/MSSS/JHU−APL

近年来，人类对火星的关注持续升温，越来越多的探测器前往火星一探究竟。截至目前，火星已经成了被最多探测器登陆的地外行星。对火星的了解将增进我们对地球过去和未来的认识，这颗红色的星球仍然是我们寻找地外生命的前线。

人们在火星上发现了什么？

从最早的"火星运河"错觉，到对"火星人"的激情畅想，再到真正看清火星、登陆火星，我们对这个地球近邻的了解越来越多。在探索宇宙的过程中，我们无法在一开始就掌握完整的知识图谱，一次次的试错以及越来越多的观测碎片让科学家不断修正假想和理论。也许新的发现会颠覆之前的假设，但这些曲折终将带领我们走到最真实的"火星"面前。凭借新的观测技术和设备，我们得以窥见火星上曾经的水流痕迹，得以听见火星地下的"心跳"声，得以追溯火星昨日之貌。但要知道，这些火星新发现绝不是全部，还有更多谜题正在被慢慢揭开。

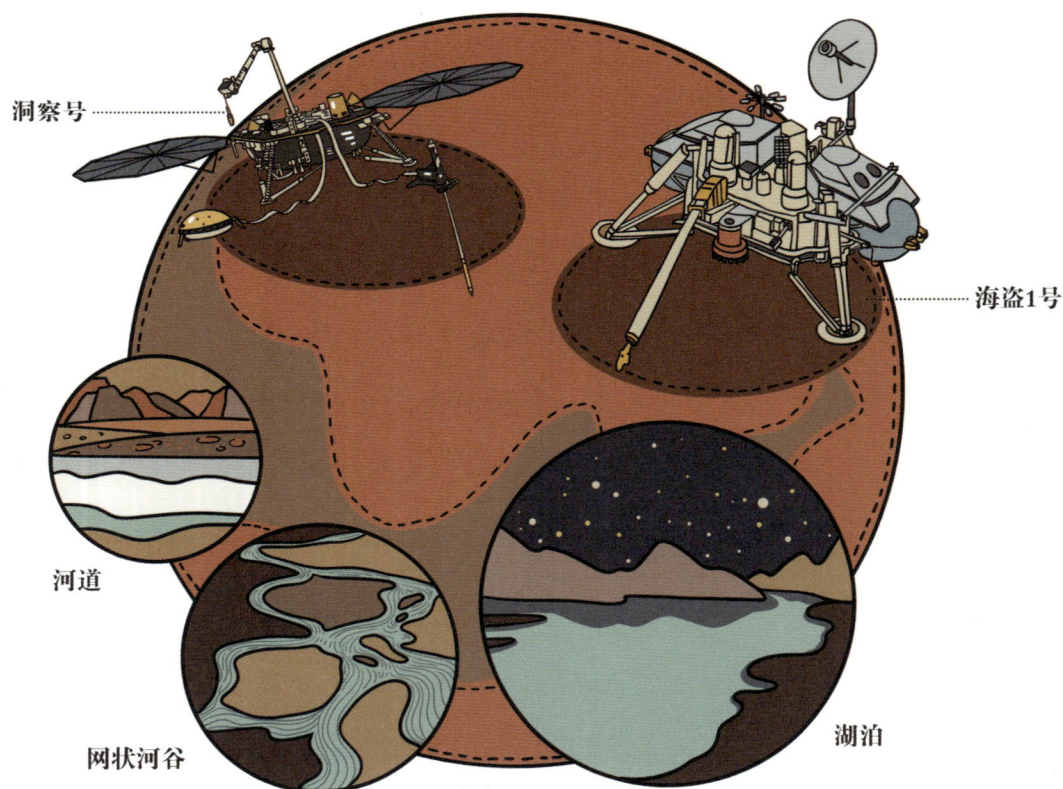

洞察号

海盗1号

河道

网状河谷

湖泊

火星上曾经有过水吗？

今天的火星地表干燥寒冷，宛如红色荒漠，但这并不代表它过去没有水。近60年的诸多观测证据表明，火星曾经拥有丰富的水文活动，各种地貌是最直观的"历史档案"。1965年，"水手4号"首次成功飞掠火星并为我们传回了火星南半球的"近照"；1971年，后继者"水手9号"抵达火星，成为首个火星环绕器并传回了更多的照片，让我们看到了火星表面85%的区域；1976年，"海盗1号"和"海盗2号"相继登陆火星，开启了人类远程实地勘探火星地表的时代。

科学家在火星上发现了河道、泪滴状岛屿、网状河谷和冲沟等地貌。这些河道有的蜿蜒曲折，河岸两壁陡峭，上下游深度及宽度都变化较大，符合常见的水流流动痕迹；有的分支较少，宽度甚至可达数十千米，与洪水席卷后的地貌特征相符。在火星南半球还发现了大型冲积扇地貌，这都是地表曾存在水流的证据。除此以外，火星地表还有数百个古老湖泊的痕迹。我国的"祝融号"也在低纬度的沙丘上发现了结壳、龟裂等各种地貌痕迹，科学家认为它们是由降霜或降雪形成的水痕。

曾经的水流在火星地表雕刻出印记，各种水合矿物也是水留下的"标本"。"机遇号"火星车在火星环形山发现的"蓝莓珠"就是一个有趣的例子。这种直径几厘米的圆形矿物，往往比周围岩石颜色更蓝，其中富含赤铁矿。地球上也有这种矿物，它们往往形成于湖泊或温泉中。科学家推测，火星的过去很可能是温暖而湿润的。火星勘测轨道飞行器（MRO）和火星快车（Mars Express）等探测器也都曾探测到多种黏土矿物。这些矿物的形成离不开水，它们在火星上的分布范围可以反映出火星曾经潮湿的区域。

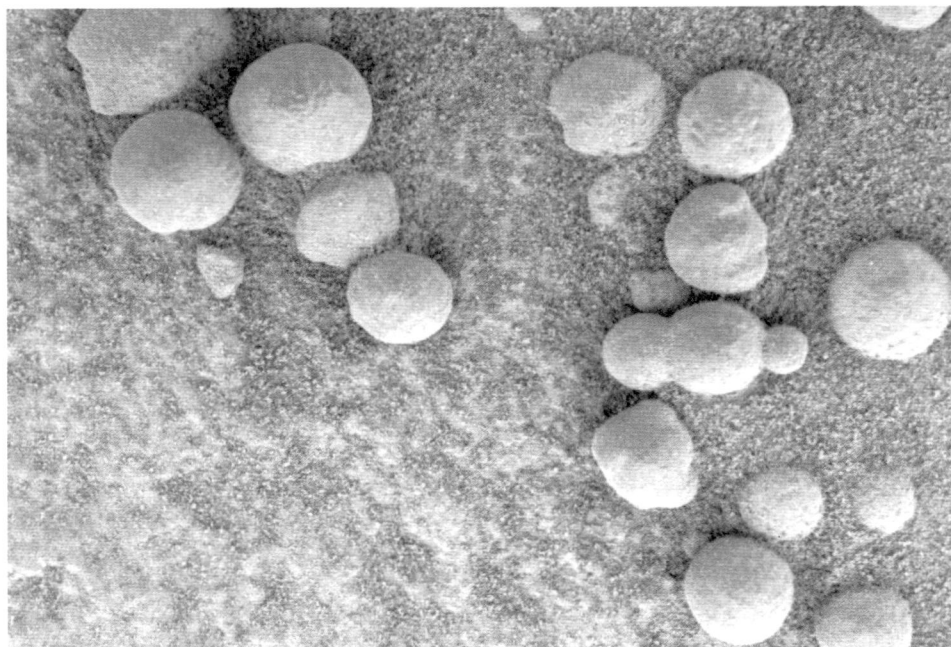

火星"蓝莓珠"
图片来源：NASA/JPL/Cornell/USGS

我们为什么这么关心火星上的水呢?

首先,水资源是生命演化的必要条件,它一直是天文探索最为关注的方向之一。如果火星上真的有水,那么就会衍生出关于生命的无限可能。其次,火星曾经温暖潮湿,甚至拥有过海洋、大气和磁场,这种环境与地球某些时期非常相似,但随着时间推移和气候演化,火星被"除湿"加"制冷"后彻底走上了与地球不一样的路。科学家迫切希望能根据目前火星水冰的分布和存在形式,追溯这颗红色星球"变干"的历史,这对我们了解地球的未来至关重要。最后,火星上的水资源对人类未来建立火星基地也非常关键。

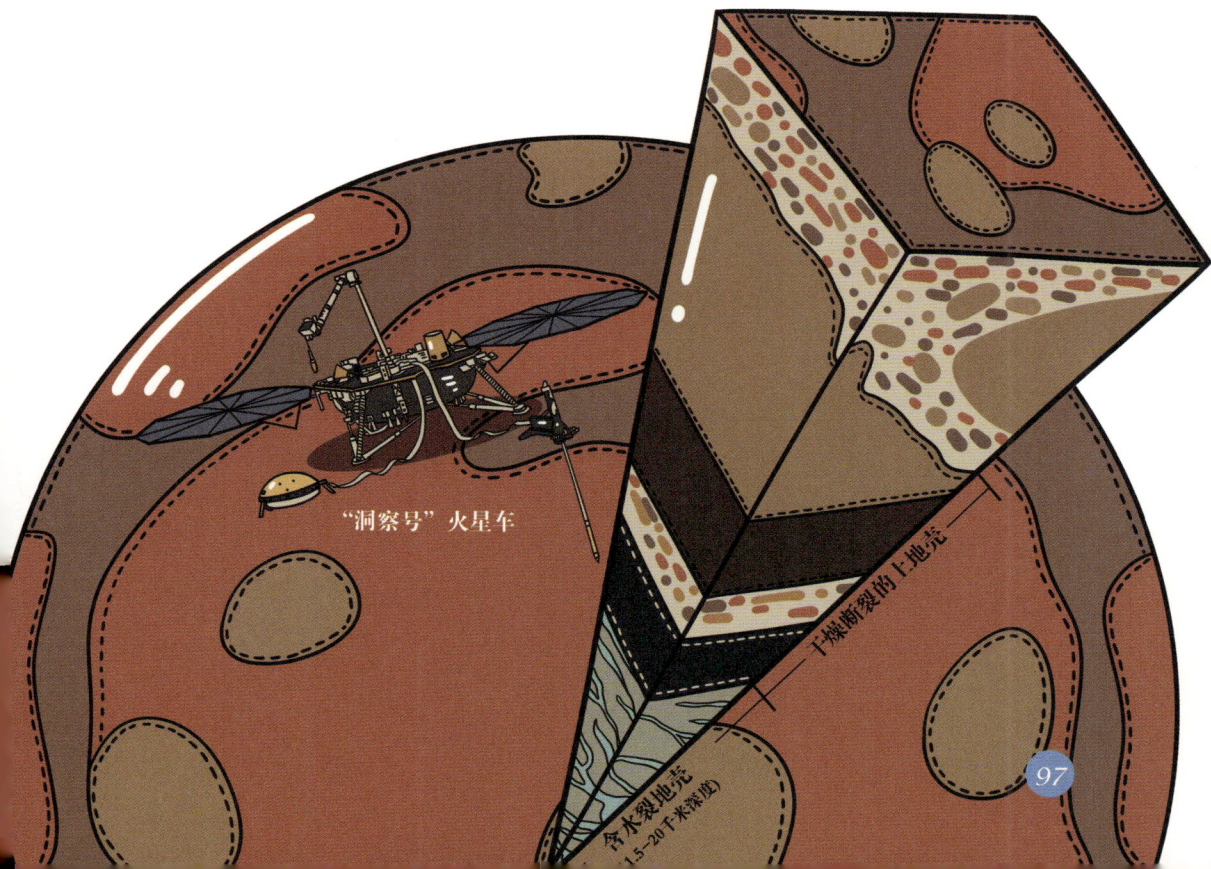

"洞察号"火星车

干燥断裂的上地壳

含水裂地壳
(1.5~20千米深度)

今天的火星地表早已没有潺潺流水，但水仍以不同形式分布于各处。火星的两极封冻着永久水冰，表面土壤里残存着附着水，矿物中保留着结构水，地下深处可能存在着液态湖泊。

探测设备的不断升级，让火星上的水开始逐一"现真身"了。"凤凰号"曾在火星北极直接挖到过水冰物质，其机械臂上也出现过冷凝的液滴。科学家在火星勘测轨道飞行器上 HiRISE 相机拍摄的数据中发现了著名的"季节性斜坡纹线（RSL）"。这是一种出现在火星低纬度向阳面山坡上的条带状阴影，已有数据显示其中富集着高浓度的液态盐水。而且更令人惊喜的是，它还会随着季节更迭而发生形态变化。有些科学家猜测这是火星地表现阶段出现的少量、季节性液态水，但也有科学家对此持怀疑态度。科学家利用火星快车探测器携带的测地雷达，在火星南极冰盖下发现了一个信号异常区。这块区域在地表以下 1.5 千米处，宽度大约 20 千米。根据观测数据及已有经验，科学家认为这极有可能是一个咸水液态地下湖，但仍需进一步探测才能确认。利用"洞察号"收集的地质数据，科学家结合地震波及岩石物理模型分析后认为，在火星地壳中或许存在大量液态水。这些水位于地表以下 12～20

千米的火成岩裂缝中，而且水量远超之前的预测。

　　相较于其他形式的水，科学家对火星上液态水的探索热情仍然最为高涨。虽然目前发现液态水可能深藏于地下，还无法直接开采确认，但这对于未来人类登陆火星、寻找地外生命等议题来说都至关重要。

"凤凰号"挖到的水冰
图片来源：NASA/JPL−Caltech/University of Arizona/Texas A&M University

这是"好奇号"火星车于 2016 年拍摄的火星照片。这片土地曾经湿润泥泞，但今天已变得寒冷干燥
图片来源：NASA, JPL−Caltech, MSSS

火星不仅被"脱水"，
还被"消磁"了？

今天的火星地表被红色尘土覆盖，空中悬浮大量沙尘，沙尘暴不时肆虐。火星的大气稀薄，密度仅有地球的 1%，主要成分为二氧化碳和氮气。由于缺乏水汽，因此温室效应弱于地球，虽然白天最高温度可达 30 摄氏度，但晚上会骤降至零下 140 摄氏度，平均温度仅为零下 50 摄氏度。当阳光穿过稀薄的大气层时散射作用较弱，更多的蓝光被保留了下来，这让火星拥有了独特的蓝色日出和日落。科学家还在火星上发现了甲烷的存在，它们究竟来自生物过程还是火山作用仍是天文研究的热点。

已有的观测数据显示，曾经的火星与我们的地球非常相似，温暖湿润且拥有全球性磁场的庇护。地球的未来也会这样吗？火星究竟发生了什么？

火星的"脱水"可能有多种原因。一是水的短期"转移"，它们有些渗漏到了地下深处，有些被冻结成了水冰；二是更主要的长期"锁定"，由于化学风化，水与火星地壳岩石发生反应，形成含水矿物，且后续没有类似火山喷发等形式的反馈释放机制，阻断了水循环通路，因此将水固定在了地壳中；三是彻底的"剥离"，即大气逃逸，火星引力较弱，大气层薄且缺乏全球性磁场，大气分子极易被太阳风"吹"到太空中，这个过程会将水也同时带离火星。

那么火星的磁场又为什么消失了呢？科学家认为，由于火星内核冷却较快，提前终止了行星内部的发电机效应，无法维持全球性磁场。这不仅导致了火星无法在猛烈的太阳风面前"挽留"住大气层和水汽，还导致地表暴露于太阳风和宇宙高能粒子的轰击下。

由此看来，水、磁场、大气等这些行星最基础的条件并非独立存在，它们环环相扣，各种要素恰好适配才能构建出宜居的环境。

地球上有地震，火星上也有"火震"。当火星地表之下某处发生震动后，这些震波就会四散传开，但该区域物质的性质与结构会决定传播的快慢和强弱。科学家能够通过监测地壳振动的传播模式来推测地下的物质结构，由此隔空探查出火星的内部分层，甚至追溯到火星的地质历史。

2018年11月，"洞察号"探测器登陆火星。它利用所携带的火震仪等设备听到了火星的"心跳"。在"洞察号"执行任务期间，它共记录了1300多次火星地震，大多数震级都较小。2021年8月25日火星发生的4.2级地震和2022年5月4日发生的4.7级地震让科学家大为惊喜。这两次地震对于火星来说算是非常剧烈了，后者甚至成了有观测记录以来强度最大、持续时间最长（持续了6个小时）的火星地震。越是强烈的地震，测量数据就会越精确，观测到的细节也越丰富，科学家也能由此得出更多有用信息。

火星

二级地震

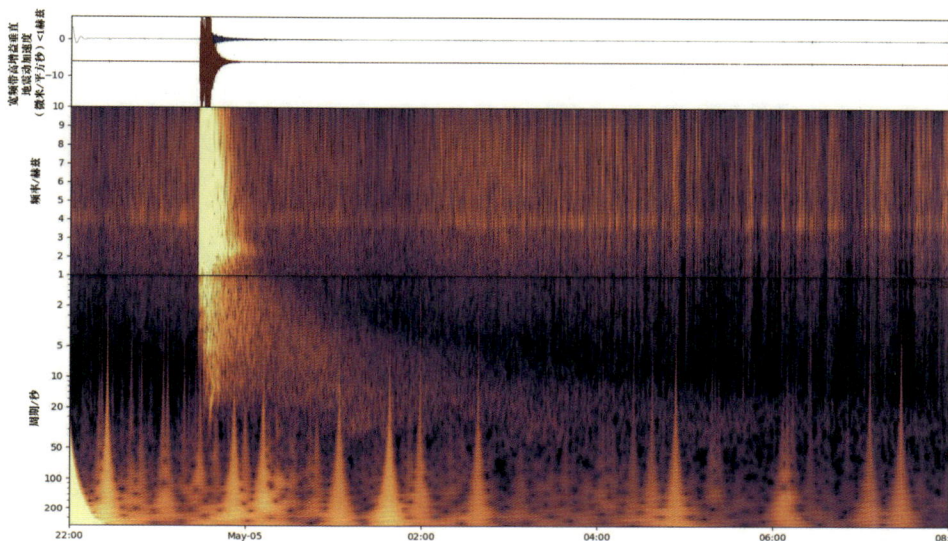

迄今探测到的最强火星地震频谱图。本图由 NASA "洞察号" 火星着陆器于 2022 年 5 月 4 日获得
图片来源：NASA/JPL−Caltech/ETH Zurich

　　这些火星地震有些源于小行星撞击的"外力"，也有些源自"内力"。火星上因"内力"发生的地震与地球地震还有些不同。地球上的板块运动发生碰撞会造成地震，但火星地壳完整，没有板块构造。火星的"内力"可能是地下深处炽热的岩浆上涌造成的结构破坏，也可能是火星地壳不同部分在数十亿年里冷却收缩带来的强大应力释放。虽然目前我们对火星地震的原因还没有完全搞清楚，但越来越多前往火星的探测器将带回海量的高精度数据，这都将帮助我们进一步了解火星的地质历史和内部结构。

上下班通勤时选择轿车或公交车，穿街走巷时选择自行车，搬家运货时选择货车，穿越戈壁时选择越野车。面对以上场景你也会做出这些选择吧，根据驾驶环境和运输目的选择适当的交通工具。那如果我们的目的地是另一个星球呢？

科学家在探测地外天体的初期往往选择发送飞行器对目标天体进行飞掠、环绕等"隔空"巡视，在掌握了地表基本情况后再让着陆器登陆天体，进一步释放巡视器。科学家会根据目标天体的综合情况，设计出最佳代步工具。前往月球开展巡视探测任务的是月球车，前往火星的是火星车，这类设备被称为星球车。星球车能在一定范围内移动，可以载人也可以无人驾驶。它们既能运输物资，也能开展有针对性的科学观测。星球车由于目标天体的环境以及所执行任务的不同会存在差别，下面来看看火星车和月球车的区别吧！

玉兔二号
图片来源：中国探月

不同温度和扬尘，会对月球车和火星车产生哪些影响？

想要顺利开展巡视探测，星球车首先要适应目标天体着陆点的气候环境。因为月球大气极其稀薄，所以热量的传输不能通过对流来完成，主要靠辐射和传导两种方式。辐射的传输效率很高，白天太阳照射会使月表快速升温，晚上月表又会通过辐射快速降温。由于月表温差极大，月球车需要适应零下 180 摄氏度至 90 摄氏度的极端情况。另外，每个月昼和月夜都会持续大约 14 个地球日，所以月球上的"每一天"都是极冷、极热又极其漫长的！火星的大气也很稀薄，无法有效保温，所以温度波动也大，会在零下 140 摄氏度至 30 摄氏度之间变化。在月球车和火星车的热控制设计中都要考虑避免设备在低温的夜间被"冻坏"。相对来说，建造月球车的材料更需要能承受极端温变的考验，尤其是在高温漫长的月昼要保证正常散热。为了应对大温差的挑战，科学家在各类探测器外都包上了金色或银色的绝缘保温材料，它们既能防晒也能防辐射。科学家还专门帮"玉兔二号"设计了"午休"环节，以保证它不会在高温的月球中暑。月夜来临，"玉兔二号"也会前往休眠地，打开自带的"暖宝宝"悄然睡去，等到半个月后再苏醒工作。

着陆器着陆、星球车行驶、宇航员活动或者其他自然因素，都可能会让地表出现"扬尘"现象。在相当于真空环境的月球上有月尘，它们是尺寸极小、棱角尖锐的灰黑色颗粒，虽对月球车太阳能电池板的影响不太大，但这些小不点具有极强的磨损性，会钻进月球车的机械结构中使得设备卡死失效，还会钻进密封部件中造成无法密闭，也会降低光学系统的灵敏度。而且月尘还带电，清除起来非常困难。我们的"玉兔号"就因为月尘影响而停下了探索的脚步。

拥有比月球更浓密大气的火星则更加"活泼"，铺天盖地猛烈的沙尘暴每个"火星年"都会出现，甚至能肆虐3个月之久，这对以太阳能火星车来说简直是"晴天霹雳"。要知道火星本身就距离太阳比月球远，能接收到的太阳辐射也远小于月球。虽然星球车的供能通常由太阳能和放射性同位素电池等共同完成，但前者是让星球车维持更长时间的关键。火星车所配备的太阳能电池板普遍要比月球车上的面积大很多。"祝融号"就装上了4块太阳能电池板，看起来像一只美丽的蓝色大蝴蝶，这几个大翅膀还能调整角度，尽可能多地接收太阳辐射。可席卷而来的沙尘暴会遮天蔽日，影响太阳直射，一旦太阳能电池板被遮盖住就相当于掐住了火星车的"大动脉"。不过，宇宙就是这么奇妙。现有的观测显示，火星上的尘卷风有时会"帮忙"清理太阳能电池板上的浮土。科学家甚至考虑往太阳能电池板上扔石块来震落浮尘。"机遇号"就是因为太阳能电池板被沙尘遮盖进入了休眠模式，而后又因低温对设备造成了不可修复的损伤，最终停止了工作。所以现在的新型太阳能电池板越来越"不沾灰"，科学家在设计火星车时也会根据沙尘暴以及火星季节性光照变化等特点为其预备"休眠期"，以保证火星车能工作更长时间。

另外，因为月球大气极其稀薄，所以月球车可以开展全波段的天体观测，这是火星车无法做到的。

"祝融号"驶离着陆平台模拟图像
图片来源：国家航天局

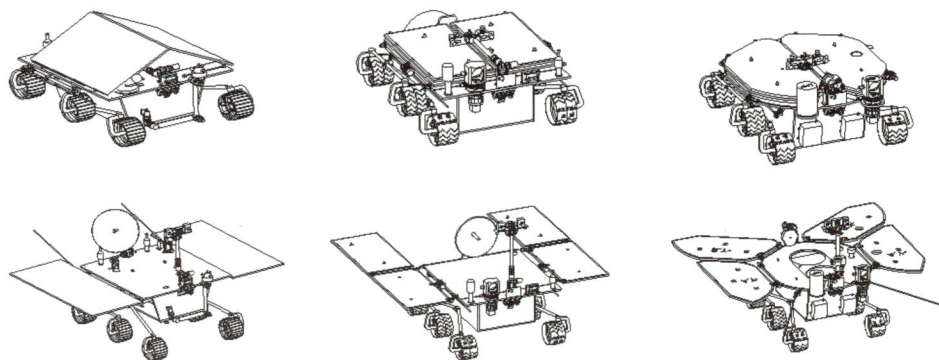

"祝融号"太阳翼的进化史
图片来源：贾阳，北京科学中心

现在月球和火星上都有哪些星球车?

虽然月球距离我们更近，但是火星与地球相似的过去、复杂的星球环境以及作为"第二家园"的潜质吸引了科学家更多的注意力。尽管前往火星探测的失败率要远高于月球，但我们还是派出了许多星球车远征火星。截至 2024 年 9 月，月球上共有来自苏联的"月球车 1 号"和"月球车 2 号"，美国的 3 辆载人月球车以及中国的"玉兔号""玉兔二号"共计 7 辆成功完成巡视的月球车。1997 年，美国的"旅居者号"作为第一辆火星车成功登陆，随后"勇气号""机遇号""好奇号""毅力号"也相继登陆。2021 年 5 月，中国首辆火星车"祝融号"也成功登陆火星，至此已有 6 辆火星车踏上了那个红土世界并开展科学巡视探测。在以上成功开展地外天体巡视的 13 辆星球车中，仅 3 辆是载人的。

月球车和火星车，怎样才能走得更稳?

从仅仅微波炉大小、重 10 千克的"旅居者号"，到长 3.3 米、宽 3.2 米、高 1.85 米、重 240 千克的"祝融号"，星球车大小各异。与地球上的车不同，由于没有空气阻力的困扰，星球车的设计并不追求流线型也不追求个性的外观。它们的第一目标是在天体表面安全行驶。科学家要因地制宜，根据不同星球的重力和地表土壤、地形地貌等要素设计星球车的结构和轮子。

月球和火星上的重力均比地球小，分别为地球重力的 1/6 和 1/3 左右。受重力影响，月球车的"骨架"可以轻巧一些，而火星车需要更结实的材质和结构才能承受更大的重力，这也导致火星车会比月球车耗能更多。但与此同时，月球车也更需要防止在行驶途中"发飘打滑"。为了增大摩擦力，科学家在"月球车 1 号"和"月球车 2 号"的轮子外缘包上了金属丝。

"月球车 1 号"的车轮
图片来源：中国航天科普微信公众号

　　月球表面覆盖着厚且松软的月壤（平均厚度 3~5 米），这些月壤看起来大小均匀、非常细腻，像面粉一般。这是不是让你想起了地球上的沙滩和飞驰的沙滩车？但是千万不要大意，由于月球没有明显的大气活动，因此这些月壤并未被风蚀和水蚀作用"搓"

去棱角，放大观察就会发现它们非常尖利。综合以上条件可知，月球车的轮子既要能抓牢沙质地面、经得起长期高强度磨损，还要能在极端温度下保证材料不轻易碎裂和老化。在综合考虑了安全和节能的因素后，轮式结构超过了履带式结构和腿式结构成为月球车的首选。配备镂空金属网的轮子成了"最新"款式，"玉兔号"就采用了这种抓地力强、自重较轻、防沙地下陷的弹性筛网轮。

火星地表物质经受过风吹雨打，也曾有过洪水冲蚀和搬运的历史，所以地表土壤中岩石碎块大小不一，有些地区还分布着黏土矿物。因此，火星车要保证尽可能少粘连地表物质以免影响抓地力。另外，火星地表起伏较大，坑坑洼洼，遍布砾石碎岩，轮子很容易被破坏。坚守火星的"好奇号"装备的是铝合金轮子（实心胎面轮），常年的行驶已经让它们出现了变形和破损。吸取了这些经验和教训，科学家又开始尝试减小轮子面积，用金属丝替换铝合金，使其更好地适应崎岖路面。科学家还想进一步提升火

"好奇号"轮胎

"毅力号"轮胎

星车翻越障碍的能力，让火星车的"腿"更灵活是关键。"祝融号"就采用了先进的主动悬架，它能抬高"底盘"避免剐蹭，还能"抬腿"绕过障碍物，遇到下陷沙地时还能模仿虫子"蠕动"脱困。火星的复杂地形对火星车轮子的灵活性和机动性提出了更高的要求。

"好奇号"车轮已出现破损
图片来源：NASA；JPL-Caltech；MSSS

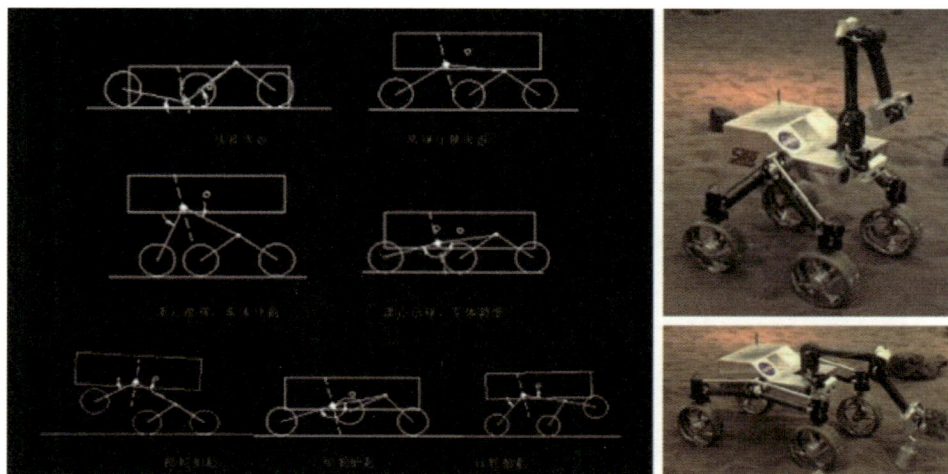

主动悬架的不同工作模式（左）与主动悬架示意（右）
图片来源：贾阳，北京科学中心

火星车比月球车更加独立？

地球与月球的距离大约为 38 万千米，但火星与地球最近时也相距约 5500 万千米，最远时能达 4 亿千米。遥远的空间距离不仅使得前往火星的经济和时间成本大幅提高，而且即便登陆信号传输也面临着严峻挑战。信号会由于传输距离变长发生衰减，同样是在地球接收，从火星发回的信号强度有时仅是月球发回信号强度的百万分之一。这就要求火星车装备上高增益天线，以满足通信和测控需求。

信号传输需要时间，这会让地火和地月之间的"通话"出现不同程度的延时。地球与月球间信号的传输延时仅 1 秒多，与我们平时进行视频电话时出现的卡顿延时差异不大。但火星信号的延时会长达十几到二十多分钟，这大大降低了地面测控人员与火星车之间的交流效率，当火星车和月球车同时面对突发状况时，我们能快速响应月球车的"求救"，但有可能会来不及"救"火星车。因此，火星车需要比月球车具有更高的自主性。月球车就像留在父母身边的孩子，向前行进时可以一边"征询"地面测控人员的意见，一边自己想想如何处理。而火星车更像远方的游子，没有人能同它商量对策。它只能依靠先进的传感器和导航系统，尽可能掌握所在地的具体地形信息，然后进行自主导航及路线规划，根据实际情况进行科学探测，即便遇到故障也要先自行判断。中国的"祝融号"就非常独立，除了定期与地面测控人员进行沟通，平时主要是靠自己向前走，只有碰到了非常棘手的难题才会让地面测控人员出手相救。

实际上，月球车与火星车并没有那么大的差异。虽然科学家是根据不同目标天体"定制"的星球车，但设计时代不同、科学发展水平和制造工艺不同也会使月球车与月球车、火星车与火星车之间存在差异。比如"玉兔二号"就比早期的月球车拥有了更多的障碍识别和自主避障功能，整体的智能性和自主性都大幅提高了。在不远的未来，月球车和火星车的形式和功能还会不断"进化"，更独立、更智能的星球车将成为人类探索深空的排头兵。

玉兔二号

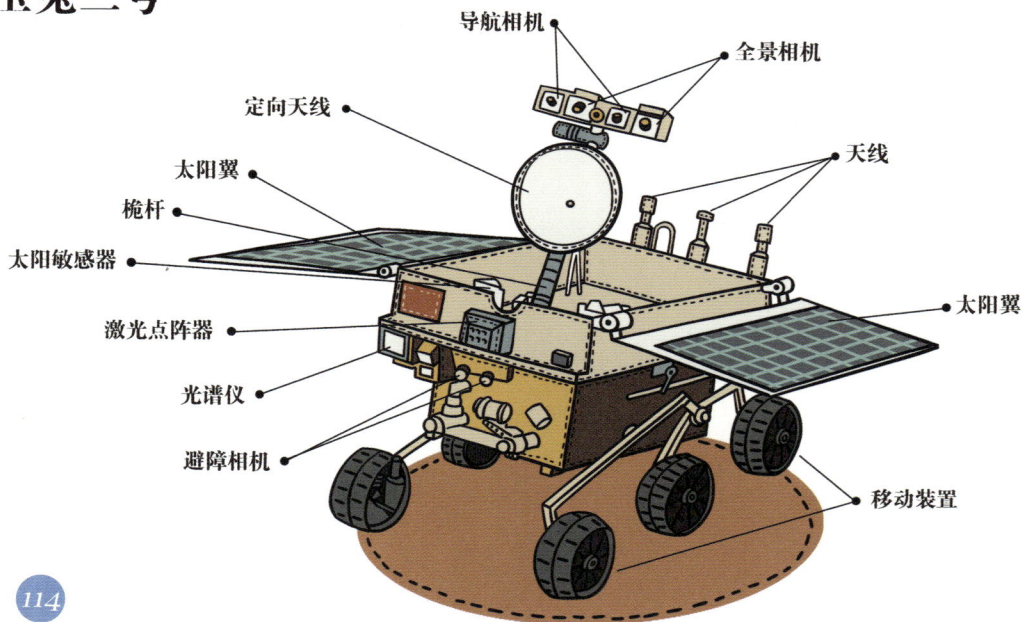

导航相机　全景相机　定向天线　太阳翼　桅杆　太阳敏感器　激光点阵器　光谱仪　避障相机　天线　太阳翼　移动装置

探月探火还为人们带来了什么惊喜？

从地面到太空，人类的科研前哨不断向着深空推进。我们看见了从未看见的月球背面，才发觉月球是个"两面派"：月背的陨击坑要比正面多，而且地势也更加崎岖。我们稳稳踏上了38万千米之外的松软沙质月表，首次在地外天体上感受到了更轻的"体重"和更大的惯性。安装在月表的地震仪监测到了那些突发的天然月震，这些震动往往持续时间长、能量小、衰减慢，这些宝贵数据为我们打开了研究月球引力场、内部结构和地质演化历史的重要窗口。火星探测器发回的高清照片为我们撕开了虚假"运河"和"火星人脸"的伪装，浇灭了地球人关于火星人的幻想；长期高精度的监测既让我们看见了火星天空中的风起云涌，也让我们发现了火星两极冰盖的季节变化；对地表特征的精细勘探帮我们按下了火星历史的"倒带键"，从干涸的河道、湖泊遗迹还原出了曾经湿润与温暖的火星。在探月探火的路上，科学家不断创新和大胆尝试，取得的成果不断刷新我们的认知、改变我们的生活，其中有着许多未曾预料到的惊喜。

完成载人登月后，科学家将着手在月球上搭建安全、稳定、可持续的长期人类居住地。目前月球上并没有可以拎包入住的"精装房"，也没有科幻电影中成片的"白色实验室"，现实情况是我们遇到了与几十万年前早期人类一样的问题：我们要住在哪儿呢？要不也找个山洞？就是这么巧，科学家真的在月球地下找到了巨型隧道状的洞穴。

数百万年前，月球处于火山活动时期，岩浆在月表宛如章鱼的腕足一般向远处延伸。这股岩浆的最外层往往最先冷却凝固，形成硬质外壳，与此同时内部岩浆仍继续流动，最后会形成一根长长的中空地下管道——熔岩管。因为月球重力仅为地球的1/6，所以熔岩管相对地球上类似的地质结构更不易坍塌，能形成更大的洞穴。而那些经不住重力拉扯的部分会发生塌陷，在月表形成一个个圆形、直上直下的坑洞。科学家把这个结构称为"天窗"，目前已经在月球上发现了两三百个这样的天窗，它们很可能与地下巨大的洞穴相连。

这种熔岩管一般能绵延几十千米，顶部宽度达几百米甚至几千米。根据科学家的模拟计算，如果一个熔岩管长40千米、宽5千米，那么其底部面积可达200平方千米！看来，我们不用担心月球"宿舍"太挤了。

除了面积充足、不用额外的建材，地下洞穴还是我们天然的保护罩。首先，月球地表日夜温差接近300摄氏度，极冷极热不仅不适合人类生存，也对月球基地的建设及正常运维提出了极高的要求。地下熔岩管中的温度变化相较于月表更加稳定，更适合长期居住并开展生产活动。其次，面对陨石攻击，熔岩管的硬质表面也能提供有力防护。与此同时，它们还能挡住来自太空的"看不见"的子弹——宇宙射线和太阳辐射等。

当然在目前阶段以上这些都还只是畅想，如何在洞中搭建起可持续的循环系统，如何在月球找到可持续供给的能源等科学和工业技术难题都还有待科学家攻克。但月球上的熔岩管也算是月球为地球人准备的一份小礼物了！

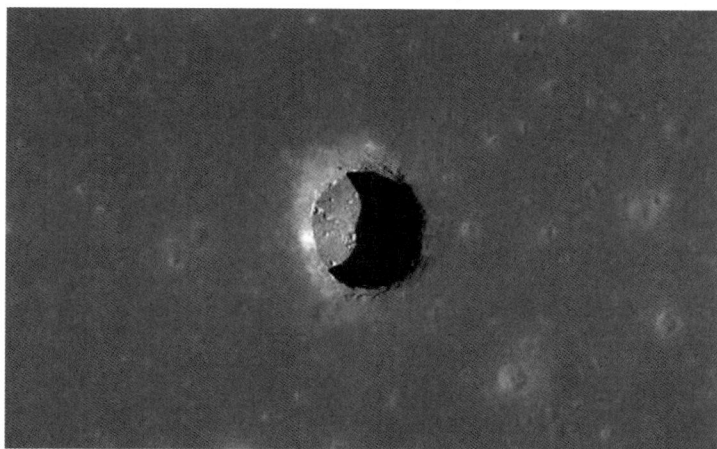

静海洞
图片来源：NASA；GSFC；Arizona State University

图中标注：
"阿波罗11号"着陆
宁静海深坑
月球
130～170米
100米
日光系统
控制设备
大型生态系统实验室
岩溶洞穴
中心实验室
岩石堆
自动化施工实验室

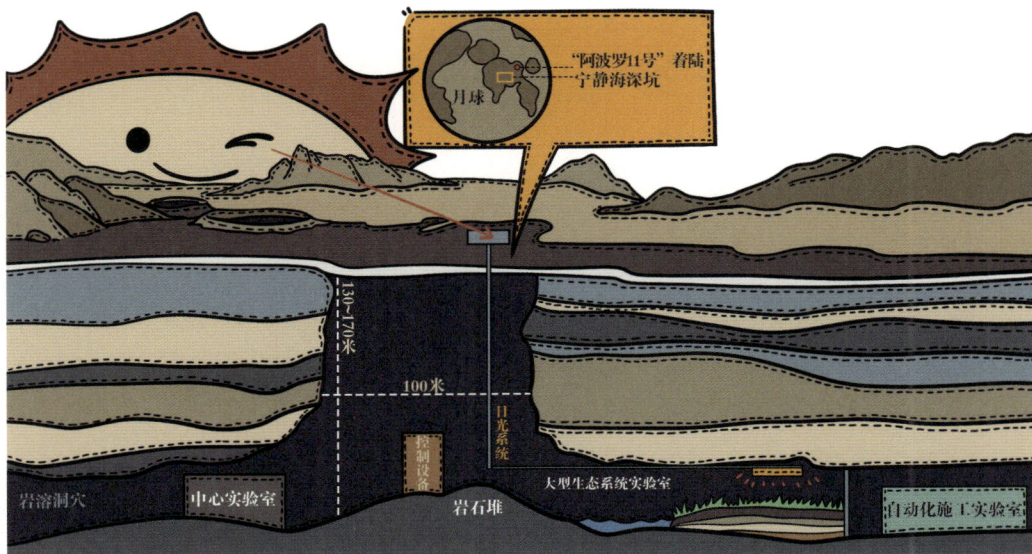

喀斯特溶洞模拟平台

月球科考

面对浩瀚的宇宙，人类的探索总是由近及远、逐步深入的。因此，地球的近邻、唯一的天然卫星——月球，便成了人类深空探测之旅的第一站。我国于 2004 年开始实施月球探测工程——"嫦娥工程"，使古代嫦娥奔月的神话成为现实。月球科考不仅推动了科学研究和发展，而且也体现了一个国家的综合实力。我们不妨大胆想象一下，未来的中国月球探测是什么样的呢？

"月球科考"展品（位于中国科技馆主展厅四层"挑战与未来"A 厅）将我们带到了 2056 年（中国航天 100 周年）。中国载人飞船到达月球，建立了月球临时基地。为了利用月球基地开展相关科学研究，维持月球基地的运行并不断扩大规模，基地派出两辆月球车协同考察。考察任务有三种，分别是寻找氦 -3（核聚变能源）、寻找水冰资源和寻找"玉兔号"。体验者进入

119

驾驶舱系好安全带，佩戴好耳机和 VR 眼镜。准备就绪后，系统自动随机分配任务，体验者需要驾驶虚拟月球车在月面行驶，并按系统提示操作摇杆以到达指定任务地点，途中会出现一些突发状况，导致行驶速度加快、减速等。到达任务点后，按下按钮，执行月球科考任务。双人体验时，两名体验者可以在虚拟影像中互相看到对方的车辆，周围观众则可以通过投影以第三方视角观看体验者在虚拟场景中的活动影像。

我国月球探测的整体战略部署可以归纳为"探、登、驻"。"探"指的是无人月球探测，"登"指的是建立月球科研站、实现载人登月，"驻"指的是建设月球基地并驻扎。探月工程"绕、落、回"三步走战略圆满完成，实现了月球探测"探"的任务。未来，月球探测"登"和"驻"将成为新的时代课题。我国的月球科考之旅不会停止，根据计划，将在 2030 年前实现中国人首次登陆月球，开展月球科学考察及相关技术试验等。终有一天，中国将在月球上建成月球基地，实现人类长期驻留的计划！

如何在月球上"建"房子？

　　除了利用月球上天然的地下洞穴，科学家也一直在思考如何自主搭建月球基地，建筑工人的角色可以让机器人承担，但建筑材料呢？多年来，许多材料与工程领域的专家都在寻找答案。地月距离遥远，把地球上的材料运过去并不现实，我们应该利用月球上现有的资源制作出"月球混凝土"，实现月球原位建设。科学家通过分析研究月壤样本，制备出模拟月壤，然后在真空、微重力、极端温度等类似月球环境下进行试验，分析这些因素会对混凝土的结构、强度等产生多大的影响。另外，科学家也要考虑建造和运输建材途中的现实困境：在真空的月表，传统内燃机将无能为力，光能发电也受到时间和地区限制；混凝土拌合过程中需要的水又要从哪儿获得……诸多问题有待科学家一一解决。

　　中国工程院院士、国家数字建造技术创新中心首席科学家丁烈云，带领着华科大团队提出了把中国传统制砖砌筑建造方式与3D打印相结合的方案：首先利用月壤烧制出有着榫卯结构的"月壤砖"，然后再让机器人像搭积木那样搭建房子。这样既能降低成本，还能保证建造效果。看来，探月之旅还能激发出材料学、土木与建筑工程等领域的突破创新，这也是一重惊喜呀！

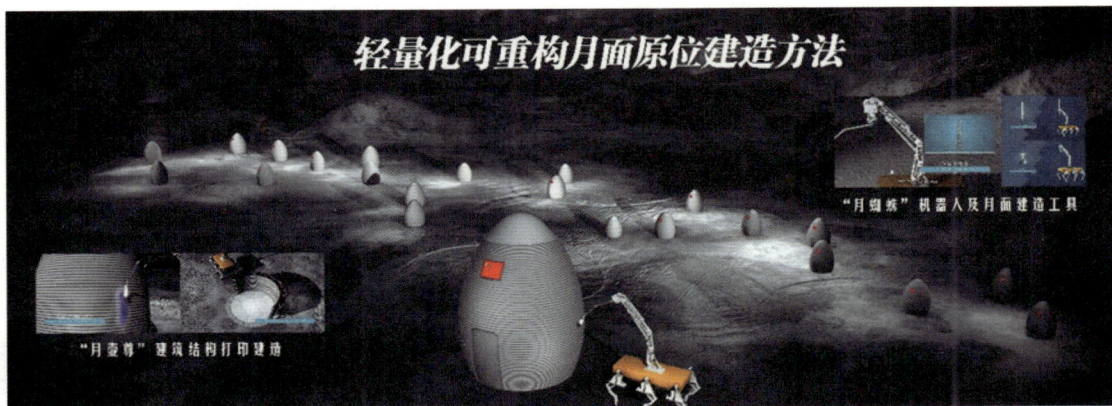

月面建筑"月壶尊"和原位资源3D打印机器人"月蜘蛛"设计图
图片来源：国家数字建造技术创新中心

探月与大模型会发生怎样的精彩碰撞？

从 2022 年 OpenAI 推出 ChatGPT 以来，人工智能技术迅速来到了普通人身边。各类大模型如雨后春笋般涌现，在各个领域展现出惊人的性能。当探月与大模型这两项最顶尖的技术相遇后，又迸发出了全新的活力。中国科学院地球化学研究所与阿里云联合发布国际首个"月球科学多模态专业大模型"。该大模型基于探月真实数据以及海量科学文献，以视觉、多模态及自然语言等通义系列模型为基模，在进行微调及训练后可以帮助人们判断月球上撞击坑的年代和形态，准确率已达 80%。这一合作将大幅提高中国探月的数据应用水平，完成目前人力在短期内"不可能完成的任务"。

中国科学院地化所研究员刘建忠表示，大模型会从三个层次影响月球与行星科学研究。一是大幅提高科研的效率和准确性，比如现阶段对撞击坑的智能判断；二是基于其掌握的海量数据来解决已经发现的科学问题；三是更进一步去发现、解决新的科学问题。400多年前出现的望远镜让我们看得更远，65年来的探月探火工程让我们收获了海量的科学数据，今天的人工智能让我们可以飞速处理数据，以超乎想象的速度推进深空探测。

"好奇号"刮开了火星"彩票"？

已经登陆火星13年的"好奇号"始终"人如其名"，怀揣着无穷的好奇心寻找着火星上水与生命的线索。它曾在火星上探测到了可能来自生物或地质过程的高浓度甲烷，也曾在岩石上发现过独特的水纹印记。

火星地表崎岖，这让科学家在设计火星车轮子时煞费苦心。2024年，"好奇号"在行进途中压裂了一块岩石，这一下好像刮开了火星"彩票"——岩石内部竟然是黄色的硫晶体！这是人类首次在火星上发现纯硫，科学家为此震惊不已。要知道在地球上只有非常复杂的环境（比如火山或温泉口）中才会出现纯硫晶体，这一意外发现或许暗示了火星也曾有过活跃的地质活动。

"好奇号"在火星上首次发现了由纯硫构成的黄色晶体
图片来源：NASA/JPL-Caltech/MSSS

　　"好奇号"的兄弟"毅力号"虽然没有"刮"出彩票，但面对来袭的尘卷风也收获了不少"礼物"。"毅力号"不仅借此"吹"去了太阳能电池板上遮盖的灰尘，而且还首次录下了火星上的风声。要知道麦克风并不是一直开启的，这次能录到实属幸运。科学家根据录音中尘埃颗粒撞击火星车的声音细节对火星尘卷风有了全新的认识。

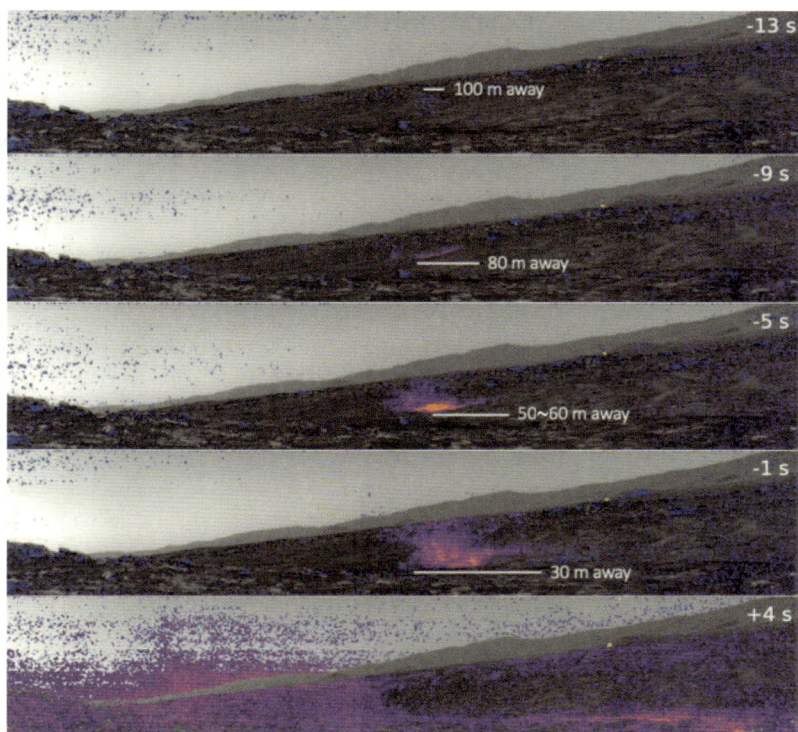

"毅力号"火星车拍摄的沙尘暴图像

图片来源：NASA/JPL-Caltech/Space Science Institute/ISAE-SUPAERO

美国国家航空航天局在执行阿波罗任务期间发明了冷冻脱水蔬菜技术，现在它们成了方便面中的常见配料；1967年"阿波罗1号"火灾事故之后，人们高度重视火情防御，优化了早期的烟雾报警器，并将其推广到民用领域，造福了大众。探月、探火延伸出的发明创造还有很多，除了航天工作者、天文学家和工程师之外，地质学家、材料学家、大模型架构师等多学科专家也都参与其中，这些深空探测任务是真正意义上的多学科交叉超级工程。

"天问二号"于 2025 年 5 月 29 日 1 时 31 分，在西昌卫星发射中心搭载长征三号乙运载火箭发射升空。火箭飞行约 18 分钟后，将探测器送入地球至小行星 2016HO3 转移轨道，发射任务取得圆满成功。2026 年，我国计划开展"嫦娥七号"月球南极探测任务；2028 年，计划开展"嫦娥八号"月球南极探测任务，并开始建设国际月球科研站基本型；2028 年，计划发射"天问三号"火星采样返回器；2029 年，计划发射"天问四号"木星系及行星际穿越探测器……中国深空探测将继续大踏步前进，让我们一起期待更多的惊喜吧！